建筑设计构思与表达

主　编　曹茂庆
副主编　田立臣　李　丽
　　　　李晓琳　何　珊
参　编　徐　婧　张　妍
　　　　戚余蓉　杨晓东
　　　　董娉怡　徐宏伟
主　审　马松雯　金锦花

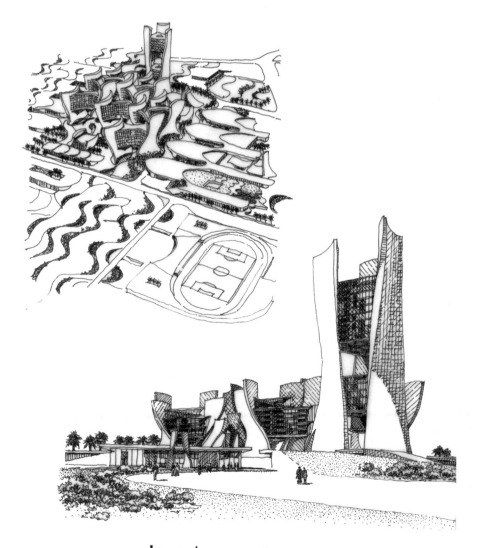

中国建材工业出版社

图书在版编目(CIP)数据

建筑设计构思与表达/曹茂庆主编.— 北京：中
国建材工业出版社，2017.3（2018.7重印）

ISBN 978-7-5160-1766-1

Ⅰ.①建… Ⅱ.①曹… Ⅲ.①建筑设计 Ⅳ.①TU2

中国版本图书馆CIP数据核字（2017）第018638号

内容简介

　　本书以"休闲驿站——茶室设计"为载体，以建筑设计方案职业岗位需要为切入点，针对建筑快速设计岗位工作设计工作任务，内容由浅入深，涵盖建筑方案设计任务、感悟建筑、现代建筑设计流派和美学规律、建筑设计创意构思的内在特征、建筑设计构思表达内容和形式、建筑设计构思表达的主要手段和技巧、建筑设计构思与表达的培养等七个单元。书中工作任务以建筑设计过程先后顺序编排，将快速设计构思与表达知识点和能力点有机融入设计任务中。书中建筑案例的选择具有代表性和前瞻性，使读者能够举一反三，创造性地完成建筑工程设计任务。

　　本书可供高职高专院校和普通高等院校建筑设计、建筑学、城乡规划、环境艺术设计等专业的师生使用，也可供建筑设计人员和广大设计爱好者学习参考。

建筑设计构思与表达

曹茂庆　主编

出版发行：**中国建材工业出版社**

地　　址：北京市海淀区三里河路1号

邮　　编：100044

经　　销：全国各地新华书店

印　　刷：北京天恒嘉业印刷有限公司

开　　本：889mm×1194mm　1/16

印　　张：14.75

字　　数：480千字

版　　次：2017年3月第1版

印　　次：2018年7月第2次

定　　价：78.00元

本社网址：www.jccbs.com　　微信公众号：zgjcgycbs

本书如出现印装质量问题，由我社市场营销部负责调换。联系电话：(010) 88386906

前　言

　　建筑创作要有创新,就要有良好的建筑设计构思与表达。目前,高等职业教育教学中,不乏建筑设计构思与表达方面的书籍,但还是缺少针对职业岗位需求方面的总结和讲述,急需补充符合建筑高等职业教育教学要求的,关于建筑设计构思与表达方面的书籍。在探索建筑高等职业教育教学改革和发展途径的前提下,本书孕育而生。

　　建筑活动的主体是人的活动,服务对象是人,核心是人的建筑思维活动,高等教育肩负着人才培养的重任。随着中国高等职业教育改革的不断深入,人才培养目标与职业岗位直接对接,教学课程体系发生了根本的变化,从原来"学科式"课程体系向"行动导向"的课程体系转变。"行动导向"的课程体系是针对职业岗位需求设置的,教学课程设计特色是:在确定职业岗位活动领域、典型工作任务后,再确定与之相对应、相匹配的学习领域、学习情境、学习内容;提炼工作过程中需要的核心知识和职业技术技能,将教学知识理论和能力培养融入到工作任务中。

　　本书正是按照"行动导向"的课程体系教学要求进行编制的。本书内容根据职业岗位的工作任务确定,力求教学内容设计与职业的工作内容、工作过程一致,充分体现了理论教学与实训相结合的原则。本书引入"休闲驿站——茶室设计"建筑设计任务,学生通过完成建筑设计工作任务,循序渐进地掌握和运用建筑快速设计构思与表达的理论和方法,学会建筑创作。学生以团队的形式评价建筑设计,使学生正确认识自我,掌握分析问题、解决问题的方法,通过设计任务训练培养学生自主学习能力和语言表达能力,体现"学生是教学主体"的教育思想。此外,本书在编写过程中,整合了建筑设计原理、建筑设计课程、建筑表现图技法等三门课程,力争做到教学内容的内在逻辑性和有机结合,围绕工作任务将相关的知识和技能紧密联系起来。

　　本书由黑龙江建筑职业技术学院高级建筑师、黑龙江省北方建筑设计院总工程师、国家一级注册建筑师、黑龙江省工程勘察设计大师曹茂庆主编。单元1、单元2、单元3、单元4由曹茂庆编写;单元5建筑分析图部分由黑龙江建筑职业技术学院副教授徐婧编写,其余部分由曹茂庆编写;单元6钢笔表现形式和钢笔速写的优点由徐婧编写,计算机辅助设计表现形式具有的特点由黑龙江建筑职业技术学院讲师张妍编写,其余部分由曹茂庆编写;单元7建筑设计构思与表达的培养途径由曹茂庆编写,设计方案任务评价由黑龙江建筑职业技术学院副教授田立臣编写。本书在编写过程中,广泛听取了大连民族大学教授李丽、哈尔滨职业技术学院研究员级高级建筑师李晓琳、副教授杨晓东、黑龙江建筑职业技术学院何珊的意见。本书封面由曹茂庆、戚余蓉设计,黑龙江建筑职业技术学院董娉怡、徐宏伟在本书的编排方面做了大量工作。本书由黑龙江建筑职业技术学院建筑与城市规划学院院长、副教授马松雯主审。书中案例的选用听取了黑龙江建筑职业技术学院建筑与城市规划学院副院长、副教授金锦花的意见,并对所选图片进行了审核。

　　为清晰表达和阐述观点,本书在编写过程中参考使用了华南理工大学创作的哈尔滨月亮湾9号楼项目规划建筑设计方案、瑞士Lemanarc建筑及城市规划设计事务所张万桑设计的南京鼓楼医院改造方案、美国纽约哥伦比亚大学斯蒂芬霍尔设计的北京当代MOMA建筑设计方案,以及中国建筑设计院、黑龙江省北方建筑设计院、哈尔滨工业大学建筑设计研究院等设计院的工程作品,天津大学、同济大学、东北林业大学、黑龙江建筑职业技术学院等院校的师生作品,在此向这些建筑作品的设计者、图片的绘制人员和单位表示衷心感谢。此外,书中引用的某些学者观点和建筑案例图片几经转载,难以说明原始出处,敬请原作者给予谅解并表示感谢。由于编者水平所限,加之时间仓促,书中疏漏和不当之处在所难免,敬请读者指正。

编者

2017年2月

目　录

PART 1
"休闲驿站——茶室"
建筑方案设计任务

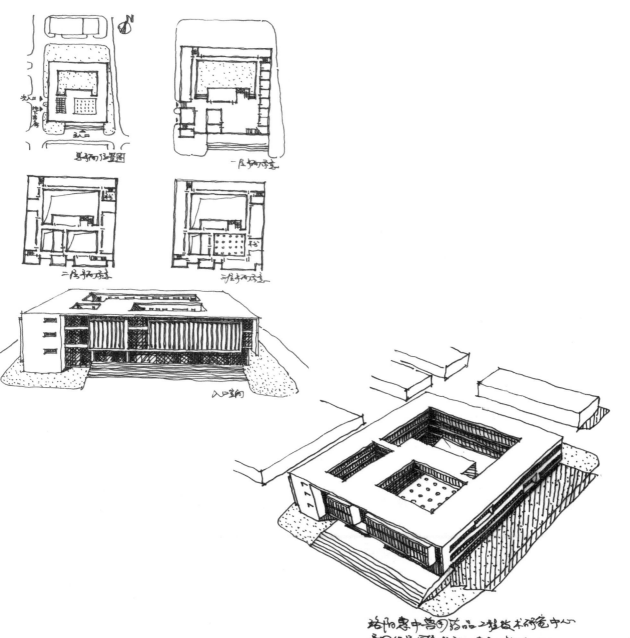

本建筑设计方案由学生自主选择地域地段，通过社会调研，发挥学生的能动性，编写设计任务书。

1.1 "休闲驿站——茶室"设计方案总体任务

1. 设计任务目的、建筑构思与表达的能力培养

通过"休闲驿站——茶室"方案设计，使学生掌握公共建筑的设计构思和表达方法，能够探索出建筑项目的立意，并能遵照建筑立意展开建筑项目的建筑构思，掌握建筑构思的内在特征、建筑构思的基本方法，掌握并能运用建筑美学规律和熟练的表达技巧对建筑完美表达。

2. 建筑设计面积、层数、高度

建筑面积：200m²；建筑层数：2层；建筑高度：依据建筑造型而定，但建筑高度要小于10m。

3. 深入社会参观、走访、调研、讨论，选择建设用地，形成设计任务书。

4. 设计成果

提交A3方案图册和A1建筑功能综合组合展示图。A3方案图册要包含建筑立意、构思、设计概述说明，分析图、总平面、平立剖面功能性图纸，建筑外部空间效果图。

1.2 收集"休闲驿站——茶室"设计方案资料

1）总平面布局构成关系资料。

2）平面功能关系、布置资料。

3）室内剖面空间构成资料。

4）立面空间构成资料。

5）平、立、剖、总平面构思表达资料。

6）地段、功能关系、绿化、交通、室内外空间造型等分析图。

7）建筑方案表达版面组合图。

1.3 "休闲驿站——茶室"设计方案阶段任务内容

1. "休闲驿站——茶室"设计方案项目调研

1）结合"休闲驿站——茶室"设计工作任务，进行社会调研。了解社会需求，感知休闲驿站——茶室的建筑特征、功能要求，提交调研报告。

2）根据学生熟悉的地域特征，选定建筑课程设计工作任务——"休闲驿站——茶室"设计方案的地域地段。

3）梳理社会调研报告，形成"休闲驿站——茶室"设计方案的任务书，并提交确定建筑设计任务书、建筑设计方案的地域、地段。明确建筑的地域特征。

4）结合"休闲驿站——茶室"设计方案，绘制并提交建筑速写，分析建筑速写选取建筑案例的缘由。

2. "休闲驿站——茶室"设计方案构思资料收集

1）以团队形式搜集建筑方案设计资料，每个团队成员提交经典"休闲驿站——茶室"设计方案速写。

2）结合"休闲驿站——茶室"设计方案，运用建筑美学规律分析建筑速写选取建筑案例的形式美。提交建筑分析报告。

3）依据分析报告构思"休闲驿站—茶室"建筑设计方案。

4）提交建筑方案设计构思报告，进行建筑构思汇报，相互借鉴学习。

5）制定建筑设计方案绘图工作计划，明确工作重点、难点、问题解决方法。

6）绘制"休闲驿站——茶室"设计方案构思草图。

3. "休闲驿站——茶室"设计构思的内在特征与美学规律分析

1）"休闲驿站——茶室"设计方案的建筑设计构思内在特征分析。

2）运用建筑基本美学规律对"休闲驿站——茶室"建筑形式美进行分析。

3）绘制"休闲驿站——茶室"设计方案构思草图。

4. "休闲驿站——茶室"设计方案的建筑设计图面版面设计方案

1）形成"休闲驿站——茶室"设计方案的建筑设计方案，总平面、平面、立面、剖面草图。

2）建立"休闲驿站——茶室"设计方案的建筑 2D、3D 工作模型。运用建筑形式美的规律，对建筑设计方案进行建筑空间推敲。

3）进行休闲驿站——茶室"设计方案的建筑 2D、3D 工作模型讨论，相互借鉴、学习提高。优化建筑设计方案；确定建筑 2D、3D 工作模型。

4）学习相关建筑规范，运用规范完善建筑设计方案。

5）优化确定"休闲驿站——茶室"设计方案草稿，形成建筑设计方案版面设计。

6）成绩评定，见附表 B。

5. "休闲驿站—茶室"设计方案表达技巧

1）确定建筑课程设计工作任务——"休闲驿站——茶室"设计方案的表达形式、手段。培养建筑方案设计表达技巧。

2）完成建筑设计方案，提交建筑设计方案汇报报告。

3）建筑设计方案汇报。

4）进行成绩自我评定，见附表 A。

6. "休闲驿站—茶室"设计方案的任务评价与总结

1）评审小组综合成绩评定，见附表 B。

2）综述培养建筑设计构思与表达的培养途径，进行教学信息反馈。

3）填写学生信息反馈，见附表 C。

PART 2
感悟建筑

培养建筑快速设计构思与表达的能力，首先要培养对建筑的兴趣，要了解建筑、感悟建筑。那么，建筑是什么呢？这对于刚刚走进建筑艺术殿堂的学生们来说，是常常提及的问题。

2.1 建筑的内涵

图 2-1

建筑，英文 Architecture，来自拉丁语，由"archi"和"tecture"组成，原意是"艺术"+"技术"，代表着建筑技术与艺术的高度结合，从而使建筑具有了感染力。法国作家雨果，称其为"石头的史书"；德国诗人歌德，更把建筑称为"凝固的音乐"。这说明伟大的建筑在人类发展史上有着重要影响。建筑在中文里面是一个多义词，既表示营造活动，又表示营造活动的成果，我国古代把建造房屋及其相关土木工程活动统称为"营造"或"营建"。作为"营建"活动的建筑，在今天的现实意义又是什么呢？

中国工程院院士、中国建筑设计院总工程师、设计大师崔凯，对建筑曾有过以下精辟的论述：

1）建筑是一种审美：图形之美，空间之美，造型之美，技术之美，让人沉醉其中。

建筑作为人类的精神产物、人类功能活动的机器，要体现建筑空间的构成美，不但要满足人类的物质需求，更要满足精神需求，使建筑成为凝固的音乐，给人以美的享受。它是建筑师实现建筑理想的基本追求目标，如图 2-1、图 2-2 所示。

图 2-2

2）建筑是一种文化：史学之美，哲学之深，文学之妙，及至生活万象，涵括其中。

建筑要有灵魂，建筑是各地域、各民族优秀文化的载体，图 2-3 ～图 2-6 表达的正是这一点。继承传统文化，体现思想性，是建筑师终身追求的目标，是实现建筑师理想的根源，是建筑得以流传下去的缘由所在。

1. 图 2-3
2. 图 2-4
3. 图 2-5
4. 图 2-6

3）建筑是一种交流：管理者、投资者、建造者、使用者，汇集其中，共识共勉，成就其中。

创作建筑是为满足使用要求，若想创造性地提升业主要求，就离不开与业主的交流。接受不同层面业主需求，取得业主的信赖、支持与合作，是建筑师实现创作意图的关键和根本目标。如图 2-7、图 2-8 所示，为满足建设单位提出的容积率和规划管理部门的日照间距要求，经与物业售楼公司、开发商、投资商、规划管理部门协商，达成将建筑旋转 45°布置，满足各方利益和要求，使工程如期建设，各方利益成就其中。

图 2-7

4）建筑是一种使命：职业道义，社会责任，企业形象，人之品格，尽显其中。

建筑是建筑师对于项目情感的流露和表达，建筑反映建筑师品格；建筑师要具有奉献精神和使命感，树立企业形象，树立自己的品格，履行建筑创作的责任和义务，坚守职业道德，完成建筑创作使命。如图 2-9 所示，建筑师通过对该企业文化的调研，总结出企业基业稳固、蓬勃向前的企业精神。建筑立意构思来源于帆船，昭示着企业乘风破浪，在行业中搏击向前。在创作中，建筑师完成了使命，体现了建筑师的品格，树立了企业形象，完成了社会责任。

图 2-8

图 2-9

5）建筑是一种旅程：长路漫漫，始于足下，脚踏实地，潜心求索，乐在其中。

建筑创作是一个循环往复的过程。科学技术的进步，人们物质精神生活水平的提高，要求建筑师不断提高服务意识和建筑创造水平。计算机数字化技术的运用，生态技术、绿色建筑技术的推广应用，建筑创作的日益繁荣，要求建筑师树立终身学习的思想，潜心研究，不断涌现新思想，不断探索新技术，在探索中创作，在创作中提高，推动建筑思想与建筑技术的发展。图 2-10、图 2-11 中的建筑体现了科技的进步，鼓舞和激励着建筑师不断探索向前。

总而言之，建筑活动是以营造人们生活的环境空间与场所为目的的。建筑不仅是空间构成艺术，同时也是各民族文化的载体，是建筑技术与艺术的完美体现。建筑的形成，受政治制度、自然条件、经济基础、物质技术的因素决定，建筑是时代特征的具体反映，代表当时政治、经济、文化的发展水平。在建筑创作过程中，要树立服务社会意识，履行建筑职责，完成建筑使命，就要努力培养建筑设计构思，以及建筑设计的表达能力。

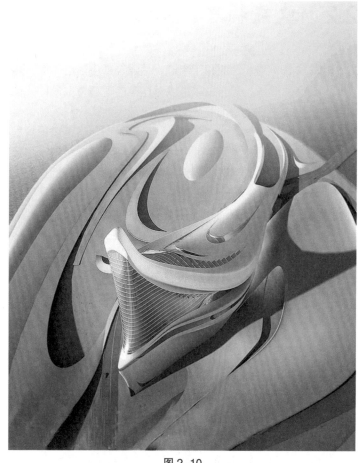

图 2-10

图 2-11

2.2 建筑构思、立意与建筑表达的关系

建筑设计创意构思来源于生活，是建筑师生活的体验、生活的理解、生活的升华。良好的建筑构思与表达是以对建筑的理解为基础的。任何建筑创作活动都必须进行建筑设计构思与表达。培养建筑设计构思与表达，是建筑职业技能训练的一种方式，也是培养建筑创作的阶段性过程。建筑设计构思与表达是建筑创作的重要阶段，是造型空间思维能力和专业理论知识与美学规律的综合运用。建筑创作实践是建筑师把意想中的建筑构思变成现实建筑的过程，这一过程要经建筑构思、构思表达、图纸绘制、设计深入、设计实施、设计服务等循环反复的阶段过程。只有对建筑构思、立意与建筑表达有着深刻感悟，并能树立远大理想，热爱、眷恋建筑创作，方能创作出社会满意的建筑，更好地为社会服务。

1. 建筑构思、立意与建筑表达的含义

在明确建筑设计任务要求基础上，展开建筑设计创作，要从建筑立意构思开始，即"意在笔先"。立意是目标思维，立意是建筑的灵魂、建筑的主题；构思是立意的手段思维，构思是立意的展开；表达是构思的体现；表达要有方法和技巧，即设计途径和设计手段。

建筑设计是一个阶段性很强的过程。建筑设计立意和构思，是建筑方案设计中至关重要的决策环节。建筑立意和构思，关系到设计成果的优劣。建筑要有灵魂，而不能是单纯的人类活动的机器，就是指建筑要有完美的立意和构思，要符合创作的美学规律和建筑人性化的功能规范要求。

建筑师要有良好的设计表达技巧。建筑表达技巧，是表达建筑设计立意和构思的手段。在建筑设计构思与表达阶段过程中，建筑师要把握建筑构思的闪念，做到"敏思、速达，意到、笔到"。只有表达出完美、充实的建筑构思内容，建筑的形象才不会空洞、乏味。建筑表达要耐看，赏心悦目，就有赖于建筑表达的方法和手段，运用理性分析思维的方法弥补感性、形象思维的经验不足。建筑绘画是建筑表达技巧、手段的具体体现。建筑绘画是建筑师的语言和基本功。

2. 建筑构思、立意与建筑表达的关系

建筑的立意、构思与建筑的表达相辅相成，互相促进，建筑设计构思与表达，贯穿建筑设计创造始终。丰富的建筑构思空间，需要明确的建筑表达；不断提升的、满足人类文明需求的建筑立意与构思，推动了建筑表达的向前发展。不断提升的建筑表达技巧，丰富了建筑师的建筑构思；建筑师要勇于探索和实践，努力创作出反映当今科技水平、审美需求的建筑作品，为社会服务。

当今，作为建筑表达的电脑、计算机辅助设计，进入建筑领域，电脑实现了网络化，信息共享；电脑设计的快速、数字化，使建筑设计产生了革命性的促进和飞跃。建筑软件的开发与运用，使许多以前想到而做不到的复杂建筑空间形态变成了现实建筑，提升了人脑的建筑立意、构思。电脑的数字化设计的发展，给建筑设计构思、立意开拓了更加广阔的前景。

建筑师在建筑空间上不断推陈出新，在建筑数字化、计算机辅助设计时代，建筑创作立意、构思不断向前发展，使人们不断研发新的表达模式、计算模型，以实现人类立意与构思。丰富的建筑构思与立意同时又促进了建筑数字化技术的发展。

3. 建筑设计构思与表达的完美结合

建筑创作是具有文化、艺术内涵的建筑活动，涉及人的文化、经验、情感、技能责任，因人而异，因此建筑创作具有想象、审美、移情、联想等精神要素。虽然，今天的建筑设计表达更多地依赖电脑辅助设计，但建筑的设计构思是机械的电脑不可取代的创造活动。由于电脑的数字化设计没有情感，所以计算机辅助设计仅是一个工具，是人的建筑构思表达的良好手段。

今天的建筑活动实现了建筑活动电脑技术与人类构思的完美结合，电脑的智能化、数字化补充了建筑构思畅想的缺陷，人类构思的逻辑与形象思维复杂交织的优点使建筑设计具有原创精神和生命力。

图 2-12 的工程案例运用了很多不确定性曲线，在以前建筑构思时，即便是想到了，也难以表达。建筑计算机数字化设计的今天，一切美好的愿望都成为了可能，一切美好的愿望正在成为现实。

在建筑设计创作中，掌握建筑构思的内在特征和建筑美学规律，运用恰当的建筑表达手段，完美表达建筑设计立意和构思内容，促进建筑审美、建筑文化、设计方法、服务意识的提高，实现电脑与人类的构思的有效全面结合，实现建筑可持续发展，使建筑具有生命力，是当今建筑师工作的目标。

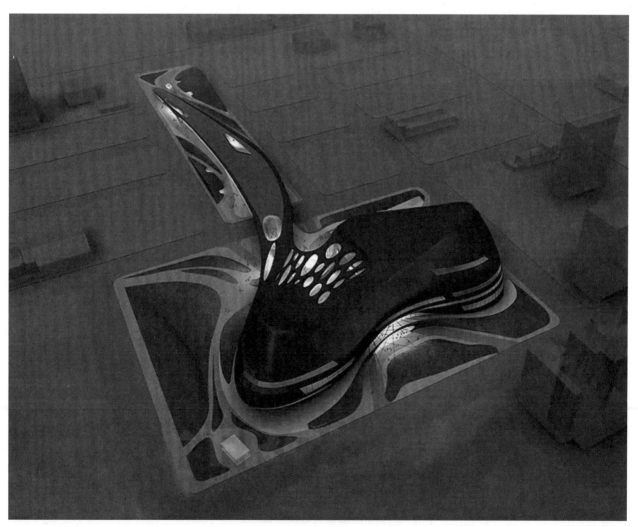

图 2-12

2.3　建筑设计构思与表达的源泉

中国工程院院士彭一刚先生说：建筑设计构思与表达同其他艺术活动一样同属创造型的劳动，建筑设计构思与表达来源于建筑设计者的内在动力，只有对建筑设计构思与表达有深刻的领悟，方能创作出优秀作品。因此建筑设计构思与表达应努力消除沿袭而渴求突破，在遵循建筑美学规律、建筑立意构思内在特征的基础上，建筑设计构思与表达需要有激情、才思和技巧。建筑师要不断培养、提升建筑创作的激情、才思和技巧，使自己的创造力生生不息。

1. 建筑快速设计构思要有激情

建筑设计创意构思是建筑创作的基础，建筑设计创意构思首先要有强烈的愿望，即激情。人们都有探索新事物的愿望，求新、猎奇是人的本能。建筑师的职业是创造性的劳动，培养激情是激发建筑设计创意构思的前提。培养激情从兴趣开始，应多读、多交流、多体会、多总结，发现闪光点，懂得坚持，耐住寂寞。在过程中体验乐趣，建立建筑设计创意构思的激情。

2. 建筑快速设计构思要有才思

建筑设计创意构思的根本是空间想象力，即才思。建筑设计是创造性劳动，建筑成为文化艺术而不朽都源自建筑师独特的想象力。想象力源自模仿、积累。温故而知新，积累模仿多了方能产生想象力，才能进行建筑创作。"熟读唐诗三百首，不会作诗也能吟"就说明了任何新创意都是由旧事物演变而来，信息储存量大了，想象力才会丰富，建筑设计构思与表达才会产生。信息储存是一个勤奋学习的过程，即便没有建筑才思，勤奋久了，也会成为天才。"勤能补拙"讲的就是这个道理。

3. 建筑快速设计构思表达要有技巧

建筑设计激情、才思是要表达出来的，要保证建筑设计创意构思的实现，就需要娴熟的技巧，这就是建筑空间组织、形体塑造，以及深入到建筑的每一个细节的表达。运用美学规律、建筑表达技巧，方能实现人们物质和精神功能方面的要求，创作出完美的建筑作品。

4. 建筑快速设计构思表达技巧和激情、才思的关系

建筑快速设计构思表达技巧和激情、才思是相互促进的，建筑师要树立建筑理想，激发建筑创作激情和才思。建筑技巧手段是才思的基础，否则激情和才思就会衰变成狂想，良好的建筑表现激发了建筑师的创作理性和愿望；建筑师的理想和才思推动了建筑技巧的不断发展，寻求建筑才思的更加完美展现和表达。

2.4　建筑设计构思与表达的艺术境界

学生在学习过程中经常提出，如何学好建筑设计，未来的工作又会是怎样的？对于专业学习，首先应培养兴趣，多读多看，要了解建筑，对建筑应有深刻的理解；

热爱建筑，热爱建筑设计，树立终身学习的思想；眷恋建筑设计，善于总结，树立自信，积累成果，使建筑设计创作成为生命中的一部分，使之进入建筑设计的艺术境界。

近代著名学者王国维在《人间词话》中这样说："古今之成大事业、大学问者，罔不经过三种之境界：'昨夜西风凋碧树。独上高楼，望尽天涯路。'此第一境界也。'衣带渐宽终不悔，为伊消得人憔悴。'此第二境界也。'众里寻他千百度，蓦然回首，那人却在灯火阑珊处。'此第三境界也。"

其实回想建筑设计的学习历程又何尝不是如此呢？

建筑设计专业学生于懵懂之中踏上建筑之旅，全然不了解建筑究竟为何；建筑是学生心中一个遥远而美丽的梦。寒窗数载，循着大师的足迹，在建筑的路途上艰难跋涉。多少次，为一个精妙的构思而欣喜，为一笔颤抖的线条而陶醉，更为一次次的赶图而夜不能寐。正是为了心中那个梦想，"衣带渐宽终不悔，为伊消得人憔悴"，在亦苦亦乐的学习中，建筑师不断成长。图 2-13 是笔者学生时代的建筑手稿。

建筑创作要达到美的境界，是建筑人毕生追求的目标。图 2-14 所表达的是天地万物相互融合，被动地与自然环境和谐共生的思想境界。图 2-15 阐述了重塑自然，运用科技实现建筑物质与精神需求，主动地与自然环境相结合。无论何种方式，最终都要实现"以人为本"建筑创作思想，实现建筑的可持续生长。

一个建筑师要超越职业建筑师的局限，成为事业型建筑师。一个建筑师也只有无怨无悔，为深爱的建筑事业而探寻，才能创作出更好的建筑作品。

图 2-13

图 2-14

图 2-15

2.5 建筑设计构思表达学习的阶段过程

从上述建筑师的成长过程中不难感受到，学习建筑设计构思表达，要经历一个循序渐进的过程，这个过程可分为以下几个阶段：

1）建筑设计从分析、模仿开始。要学会分析、模仿，模仿优秀建筑作品，感受建筑，分析优秀建筑作品，培养兴趣，陶冶情操，这是学习建筑设计的入门阶段。在这一阶段，要接受老师建议，并主动按老师要求去完成学习任务要求。

2）在模仿的过程中，对建筑设计需要保持执着与坚持的态度。面对浮躁社会要淡定，树立建筑理想、目标，并能脚踏实地，潜心求索，不懈模仿，不断探寻，这是建筑设计的积累过程。在这一阶段，要勇于实践，不怕挫折，坚定信念，寻求教师的帮助，接受老师、同学们的指正，在完成学习任务的基础之上，提升自己的审美观念。

3）在坚持模仿过程中，提升了建筑观念，在提升建筑观念的同时，要努力发现和寻找自己的个性，要建立符合自我个性的设计理想、设计方法，从而实现建筑设计的完美的个性创造。这是建筑设计量变到质变的过程，是超越与腾飞的过程，是建筑设计走向成熟的过程。在这一阶段，要在老师的支持下建立建筑观念、建筑立意、建筑构思，并能不断总结，从而掌握设计方法和表达技巧，能够独立完成学习任务，进行建筑创作。

2.6 建筑设计构思学习的阶段过程

在学习建筑设计构思过程中，要经历以下几个阶段过程：

1）要思考，要有想法。要想建立建筑的立意和构思，就要敢想。立意是目标，构思是实现立意的过程、展开，表达技巧是实现建筑立意、构思的手段。建筑设计是创造人居建筑空间的过程，要体现人的物质要素和精神要素；一切的创作活动，要符合人类的建筑艺术美学规律、建筑技术规范要求，为人类服务；为人类的创作活动，就要敢想。

2）实现建筑立意与构思，要有良好的建筑设计立意和构思途径和方法，就是要综合运用建筑的内在特征、建筑美学规律、建筑技术，实现感性思维、理性思维向图示思维即设计图形的转换，进行建筑构思表达。不但要敢想，还要敢画、勇于实践。

3）良好的建筑立意和构思离不开建筑表达，要有良好的设计表达技法，来实现 2D 向 3D 空间的转换。图形是建筑的语言，绘图是建筑师进行交流的语言，建筑设计立意和构思的手段和技巧就是要综合运用图形语言，建筑设计立意和构思的手段和技巧是建筑师的基本功。建筑师不但要重视计算机辅助设计的培养，而且还要加强手绘、模型制作能力的训练，提高空间造型能力、艺术审美能力和建筑艺术素养。为此要多绘制建筑速写，留下建筑的思迹，积累建筑立意、构思源泉。

4）建筑设计最终服务于人，要"以人为本"，要满足人的物质和精神的双重需求。要研究人的行为活动与生活需求，结合各类建筑特点、空间环境、地域文化，有效解决建筑与环境、建筑造型与功能、建筑内部与外部空间、建筑与结构和设备、建筑与技术、建筑与经济、建筑与法规等的关系。跟踪建筑新科技，做到"人性化"设计，创作出符合时代精神特征与继承传统文化的有机建筑。

2.7 建筑项目设计的阶段过程

建筑设计构思与表达，服务于建筑项目设计的阶段过程。在进行建筑创作实践中，要遵循建筑设计程序、步骤要求。在实际建筑设计工作中，建筑设计程序分为建筑设计和建筑施工两个程序。根据设计项目的规模和复杂程度不同，设计阶段程序有所增减，有着不同的步骤，每个阶段步骤，按国家规定又有着不同的设计深度要求。从设计方面而言，建筑设计程序可划分为以下几个阶段步骤：

1）可行性研究、项目立项、设计招标阶段。

2）方案设计、现场勘察、方案审批阶段。

3）初步设计、设计概算、初步审批阶段。

4）施工图设计、设计预算、报建审批阶段。

5）施工许可、设计交底、竣工验收、造价决算、交付使用阶段。

在建筑项目设计的每一阶段，建设单位都有设计任务要求和设计深度要求。设计师要按照国家设计文件编制深度要求，圆满完成工作任务内容，不能盲目服从建设单位的安排。要掌握建筑设计的步骤、程序，阶段性设计文件深度要求，在设计工作任务中，不断落实执行，做到熟练运用。

建筑快速设计构思与表达，只是建筑项目设计的方案设计过程中的一个阶段过程。它是建筑项目建设的前期，对项目建设起着引领、决策作用，是建筑设计的开篇。

2.8 "休闲驿站——茶室"设计方案项目调研

1）结合"休闲驿站——茶室"设计工作任务，进行社会调研。了解社会需求，感知休闲驿站——茶室的建筑特征、功能要求，提交调研报告。

2）根据学生熟悉的地域特征，选定建筑课程设计工作任务——"休闲驿站——茶室"设计方案的地域地段。

3）梳理社会调研报告，形成"休闲驿站——茶室"设计方案的任务书，并提交确定建筑设计任务书，提交建筑设计方案的地域、地段，明确建筑的地域特征。

4）结合"休闲驿站——茶室"设计方案，绘制并提交建筑速写，分析建筑速写选取建筑案例的缘由。

PART 3
现代建筑设计流派
和美学规律

　　任何建筑设计流派都有其理论观点和审美观念，理论观点决定审美观念。审美观念是指建筑形式美规律体现的建筑观念。无论何种形式的建筑，无论受何种建筑审美观念的影响，都应符合一定的建筑形式美学规律的要求。

　　建筑设计是要塑造赏心悦目的建筑形象，建筑形象是通过建筑空间、面、线、色彩、质感、光影等手法要素体现的，建筑形式美学规律是建筑造型要素间的联系规律，是建筑自身的形式美的规律，建筑形象是遵循一定的建筑形式美学规律。建筑审美观念的不同决定了不同的建筑美学规律，也塑造出千差万别、风格各异的建筑形象，也形成了建筑师的不同个性。

　　探索建筑美学规律的每个方面，是在多样统一的前提指导下进行的，应完整对待美学规律的片段。正如新建筑运动倡导者格罗毕乌斯说指出的那样：要从具体的建筑创作艺术语汇中探寻建筑美学规律。构成建筑创作的语汇、片段、要素，诸如比例、韵律、虚实、序列等建筑要素都是可以总结的，它是人们普遍认同的建筑形式秩序美。

　　建筑形式美是受审美观念约束的。建筑审美观念是时代特征的体现，是随民族文化、地理条件、生活方式、时代变化、个人条件因素的变化而不断进步发展的，建筑形式美的规律也是不断发展、衍变的。当今社会也涌现了诸多形式美的思潮，亦可称动态秩序，诸如后现代主义或现代主义之后、构成主义、高技派、解构主义、绿色生态主义等的美学规律，都是建筑秩序美、建筑基本美学规律的重要补充和发展衍变。

3.1　现代建筑设计流派的理论观点

　　随着时代发展，人们的物质和精神方面需求日益增长，新的建筑创作理论和方法应运而生，不断出现。它并不排斥原有的建筑美学规律，而是原有美学规律反映时代特征与需求的综合再现。

　　现代建筑创作，是遵循建筑基本美学规律的，有着理论基础和观点。

　　现代建筑美学规律是建立在现代主义建筑的理论基础之上的，关于现代主义建筑的理论观点，建筑学家吴焕加先生曾概括出五个主要方面：

　　1）强调建筑随时代而发展变化，现代建筑要同社会的条件与需要相适应。

　　2）号召建筑师要重视建筑物的实用功能，关心有关社会的经济、技术艺术等方方面面的问题；重视建筑空间设计，提倡内容与形式的表里如一。

　　3）主张在建筑设计和建筑艺术创作中发挥现代材料、结构和新技术的特质；提倡技术与艺术的结合。

　　4）主张坚决抛开历史的建筑风格和样式的束缚，按照今日的建筑逻辑，反对外加装饰，从建筑形体和建筑容量所构成的建筑体量中探寻建筑的美，灵活自由地进行创造性的设计与创作。

　　5）主张建筑师借鉴现代造型艺术和技术美学的成就，创造工业时代的建筑新风格。

3.2　建筑设计的基本美学规律

　　建筑是人造的空间环境，不但要满足一定的物质功能需求，而且还要满足愉悦、舒适的精神功能需求。人们赋予了建筑使用和审美的属性。

创造人性化的建筑空间环境，应当遵循建筑美学规律，建筑美学规律体现在具体的建筑艺术形式中。作为相同类型艺术形式所体现的美学规律，具有普遍性、恒久性、多样统一性，是有法可循的。

新建筑运动倡导者格罗毕乌斯强调：任何事物都不是孤立存在的，它所表现的形式是一种观念的化身，建筑师的每件作品都是建筑审美观念的自我表现。从表现的形式上都具有统一性。有机建筑倡导者赖特、生态建筑师美籍意大利建筑师保罗·索勒瑞都提出了建筑与整体自然环境有机协调的思想，保障"阳光、空气、水、植被、地势、气候等生态环境的运行，有益于人类的健康发展，都强调局部服从整体的多样统一性。从有关建筑表现形式的研究中会发现建筑中的审美主导特征——建筑形式美的规律，以及建筑设计构思和表达所遵循的美学规律。

任何完美的建筑设计创意构思和表达，都要运用建筑形式美学规律进行表述，实现人类物质和精神文明的功能需求。建筑的基本美学规律可概括为点、线、面、体以及色彩、质感等的普遍组合构成规律，建筑的基本美学规律可概括地体现在以下几个方面。

3.2.1 建筑几何图形体量取得统一

现代建筑大师勒·柯布西耶认为简单的几何图形体量是最美的，简单、明确的几何图形体量具有抽象的一致性。统一、完整，因此具有美感。抽象的一致性具有确定的几何关系，消除了随意性。这种建筑构成观点对建筑创作影响很大，很多优秀建筑作品不论是平面、形体构成，还是细部处理，都以园、方、三角等几何图形体量作为建筑构成的依据，从而获得建筑的高度完美统一。图 3-1 ～图 3-3 所示的建筑都是运用简单、明确的方、角、园构成的几何体作为建筑创作的基本要素，并巧妙组合，从而获得建筑的完美统一。图 3-3 运用方形梁架层层出挑，隐喻着民族建筑构件——斗拱，沿袭民族传统。建筑总体表达民族之鼎、中华之冠的设计理念。

图 3-1

图 3-2

图 3-3

在进行建筑创作时，建筑是由若干构件组成的整体，将大体量构件至于突出位置，形成主体，将其他构件从属于主体，取得了建筑体量有机统一的建筑效果。图3-4中，建筑裙房处理的比较低矮，建筑总体布局不对称，主从关系明确。图3-5中，建筑采用对称布局，高大的园厅位于中央，构图严谨，主从分明，具有高度完整统一性。

图 3-5

3.2.2 主从关系

协调统一是由差异而产生的。古希腊哲学家赫拉克利认为，建筑构图为达到协调统一，无论从平面构成到立面造型，还是建筑内部空间处理，无论是单体还是群体都必须体现主从关系、重点和一般的关系。否则各要素、构件平均处理，同等对待，即便构成整齐，也会因单调而失去统一，图3-4～图3-7所表达的建筑，正是体现了建筑美学规律的主从关系。

美国亚特兰大桃树中心广场旅馆中庭，建筑处理正是运用圆弧，成为空间视觉的中心，取得引人注目的艺术效果。如果没有这一重点核心，"中庭"会让人感到平淡、松散，失去主从关系的统一性，如图3-6、图3-7所示。

图 3-4

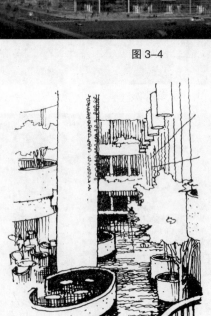

◤ 图 3-6
◣ 图 3-7

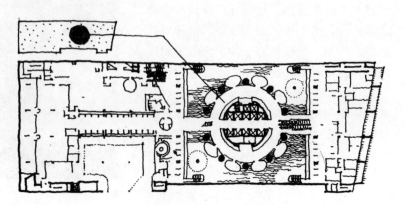

3.2.3 对比和统一关系

对比是借助形体相互烘托陪衬求得丰富变化，统一是借助彼此之间的协调和连续求得调和一致。建筑没有对比，统一便会显得单调。对比在建筑构成中主要体现在不同体量、不同形状、不同方向、不同角度、不同色彩、不同质感之间。

1. 不同视觉角度对比

在园林建筑中，由于视觉角度的变换、时间上的差异、景致的不同，感受到不同的艺术效果。让人取得或亲切、或崇高、或压抑、或开朗的心理感受。

苏州留园的景观处理，某些区域采用不同角度变换对比手法，如入口处的迂回曲折给人以压抑感，曲廊的尽端豁然开朗，视觉角度变换，景色亦有不同，达到了建筑与环境有机共生、诗情画意的艺术境界，如图 3-8 所示。

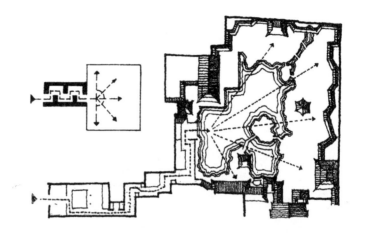

图 3-8

2. 不同体量对比

在空间组合方面，两个毗邻空间大小悬殊，由小空间向大空间过渡时，会因相互对比而产生豁然开朗之感。以欲扬先抑的手法衬托主要空间。

新中国十大杰出建筑——北京站的剖面、内部空间设计，就是运用高低体量空间不同，以衬托主要空间，人们经过低矮的前厅空间，进入大厅，顿觉宏伟开朗，符合新中国成立，百业待兴、欣欣向荣的时代特征，如图 3-9 所示。又如图 3-10 表达的建筑，建筑外部空间运用方和圆不同的几何体量构成，以圆作为造型主要元素，不同元素体量对比，构成既和谐统一又富于变化的统一体。

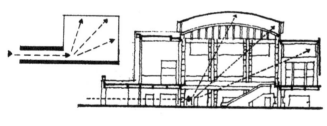

图 3-9

图 3-10

3. 不同方向对比

在建筑的对比和统一中，建筑运用相同元素如矩形进行组合，建筑各部分通过矩形长宽比例不同，产生横向、纵向、竖向感，交错穿插处理，对比变化，使建筑产生良好的艺术效果。如图 3-11 的建筑，建筑立面由水平、垂直两个长方形组成。水平方向舒展，垂直方向挺拔。建筑构成产生强烈方向的对比，统一不失变化。同时水平方向采用垂直方向柱廊处理，形成实中现虚的艺术特征，使建筑豪放中，增添细腻感，建筑同时焕发出勃勃生机。

图 3-11

4. 不同形状——直曲对比

建筑的线型，直——给人以刚劲挺拔感，曲——柔美活泼，通过刚柔对比，使建筑富有变化。中国古建筑屋顶直曲对比处理、西方古典拱柱式结构建筑，就是采用直曲对比建筑艺术处理方法的成功案例；现代悬索、壳体大跨空间结构建筑都是利用直曲对比关系，加强建筑的表现力。

现代建筑巴西议会大厦，如图 3-12 所示，建筑师正是运用简单的直曲形状，实现建筑的完美统一。挺拔的直线型主体建筑使建筑挺拔，正曲、反曲会议厅弧线柔美处理，不同形状图形对比，建筑不但挺拔雄伟，同时具有张力。

图 3-12

 图 3-13

某些建筑充分利用屋面结构柔美曲线表达建筑的动态美。使屋面结构曲线与屋面支撑结构直线形成对比，使建筑动态中充满力度，柔美之中充满挺拔感。图 3-13 的体育建筑就是体现了直曲对比的美学规律。

西方古典建筑如图 3-14 所示。建筑师运用曲线穹顶与竖向垂直柱廊、斜直线构成的山花，达到直曲形状对比的变化统一建筑空间效果。

中国古典建筑如图 3-15 所示。建筑师运用舒缓攀升的屋面曲线，与檐口水平直线、开间柱廊垂直直线构成直曲形状对比，体现了建筑的雄浑博大。立面檐口、柱间民族文化艺术的建筑处理，丰富了建筑内涵，体现了民族建筑艺术品质。

图 3-14

图 3-15

图 3-16

5. 虚实对比

虚实对比就是利用建筑的孔、洞、窗、格构同墙柱之间形成建筑虚实对比，创造出统一的富于变化的建筑形象。

某些建筑如图 3-16 所示，建筑造型运用框架格构塑造出空漏的虚幻空间，与玻璃、墙面围合的实体空间形成对比，使建筑空间轻盈、剔透、和蔼可亲。

某些建筑如图 3-17 所示，建筑造型运用不同材质使墙面与透明玻璃形成对比，虚实相间，跳动变幻，富有生气。

图 3-17

图 3-18

6. 色彩、质感对比

色彩、质感对比就是建筑利用色彩的对比调和、质感的粗细和纹理变化，创造生动活泼的建筑。建筑的色彩、质感对比在建筑设计中起着重要作用。不同颜色、图案的墙面，廊柱构架，不同质感材料、颜色的瓦屋顶等对比的建筑美学规律运用，在建筑设计中都起到了丰富建筑空间的作用。

某些建筑如图 3-18 所示，建筑饰面运用了石质、木质、金属材质等材料，正是不同材质材料的对比运用，增强了建筑的表现力，使建筑具有人性化的亲和力。

有时建筑师运用墙面的单一色彩涂料，

与仿木质花架、不同色彩的瓦屋面形成不同材质、颜色的对比，体现建筑的地域风格。如图3-19所示的建筑，就体现了这一美学规律。

3.2.4 均衡和稳定关系

建筑设计中，建筑师经常运用建筑的均衡和稳定的美学规律，建筑的均衡和稳定给人以安全、舒适感。

1. 均衡

均衡可以通过对称、不对称和动态达到稳定均衡的艺术效果。

2. 稳定

稳定是指建筑整体上下的轻重关系。在西方古典建筑中，一直遵循着下大上小、下重上轻、下实上虚的稳定原则。

地球上的一切物体给人的感受都是稳定的，这种稳定都体现出上小下大的规律，因此建筑要保持稳定就应符合这一规律。埃及金字塔（图3-20）恰如其分地使用稳定的表现形式，以满足建筑个性要求，使其成为王室灵魂归属地。

建筑师有时运用建筑各部位、主要片段的对称、收分变幻，形成上小下大的建筑造型，给人以安全感，体现业主对建筑所包含愿望的表达。如图3-21所示建筑，建筑某些部位对称的收分处理，表达了业主家的归属感。

图 3-19

图 3-20

图 3-21

3. 不对称的均衡稳定

建筑发展到今天，由于建筑新材料、新技术的产生，均衡和稳定已打破了传统的美学观念，出现了上大下小、下空上挑等建筑处理手法，体现了建筑的不对称。这种不对称没有严格约束，这种不对称建筑美学规律在建筑设计上适用性强，使建筑表情更加生动活泼。如图 3-22、图 3-23 所示，建筑各构成片段高低错落，相互制约，同样达到不对称的稳定统一的艺术效果。

中国园林采用不对称建筑布局很普遍。因地制宜，灵活多变，表达园主的审美情趣。如图 3-24 所示，建筑采用不对称布局，自由灵活，通过与自然景物巧妙结合，激发人们崇尚自然的审美情趣，寓情于景，表达诗情画意的艺术境界。

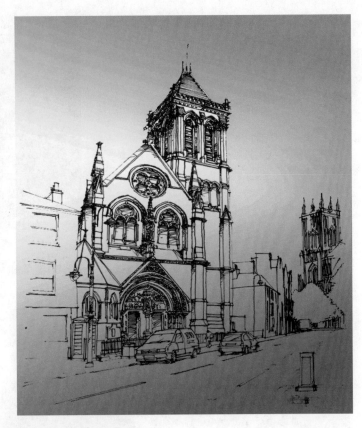

图 3-22

图 3-23

图 3-24

4. 对称的均衡稳定美学规律

建筑造型对称，是建筑构件之间保持严谨一致比例构图。建筑对称是天然的建筑均衡稳定。建筑通过对称的表现形式，体现出建筑的完整统一性。

很多建筑都通过对称美学规律的运用来达到衡稳定的艺术效果。如图3-25、图3-26所示，建筑造型对称，建筑取得均衡稳定艺术效果，表达了建筑庄严、雄伟的艺术效果。

5. 不稳定的均衡稳定美学规律

在当今建筑设计中，建筑师为达到建筑造型奇特的艺术效果，在设计中经常采用不稳定的均衡稳定美学规律。不稳定的建筑构图，通过组成建筑元素的倾斜、变异，同样给人带来失衡的稳定感。

如图3-27所示，建筑总体呈上大下小，但通过建筑不同体量的介入、调整，同样取得稳定的建筑效果，增强了建筑的视觉冲击力和表现力。

美国波士顿市政厅如图3-28所示。建筑表现出上实下虚、上重下轻的美学规律，初看给人不稳定感，但建筑师通过横向与竖向的对比、下部立柱外露处理、上部水平单一构件重复韵律的变化处理，消除建筑上部构件的重量感，破解建筑的非稳定，在表达建筑庄重个性的同时，同样给人稳定感，同样完整统一。

图 3-25

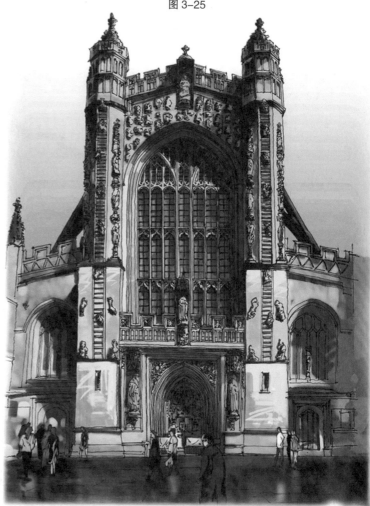

图 3-26

图 3-27

图 3-28

图 3-29

图 3-30

图 3-31

6. 动态的均衡稳定美学规律

现代建筑设计更加强调建筑的时间与空间要素的相互作用，运用建筑的动态变幻来求得建筑的均衡稳定的艺术设计效果。如图3-29、图3-30所示，将飞鸟的外形、螺旋体型、动感曲线运用到建筑创作中，达到动态变幻的艺术效果。建筑师正是依靠建筑的运动感来求得均衡和稳定。随着计算机数字化技术的普及与运用，动态建筑以其变幻、超出常态，给人以清新、与众不同之感。动态的均衡稳定美学规律在今天的设计中，日益受到建筑师的青睐。

3.2.5 韵律和节奏

自然界许多现象和事物，如蜂巢、叶筋、蛛网、竹编等，由于规律的重复、秩序的变化激发起一种美感。人们受到启发，有意识地模仿自然界的现象，从而获得节奏、韵律美。建筑处理有秩序地变化，连续的处理与规律的重复与条理性，能够激发起建筑的韵律和节奏感。所谓建筑是"凝固的音乐"，就表现在建筑的韵律和节奏感上。当今仿生建筑，采用仿自然现象、图案创造出韵律变化、节奏感强的建筑图案，丰富建筑立面造型效果。

1. 连续韵律

建筑的一种或几种要素连续安排，保持恒定距离，无休止、永远延伸下去，就是建筑的连续韵律。建筑墙面标准单元开窗、带形装饰图案，就是这一建筑处理手法。

罗马斗兽场如图3-31所示。建筑呈圆形，建筑设计时，如果圆形体量处理不好，建筑容易单调乏味。在这一建筑中，建筑师恰当地运用墙柱、拱券、出檐的韵律变化，不但反应了建筑功能特征，同时建筑呈现出舒展的连续韵律美。

点式住宅高层建筑如图3-32所示。由于住宅建筑的性质、特点要求，建筑单元和建筑构件连续重复，在建筑立面上竖向排列，使建筑获得了连续韵律感，表现出建筑的高耸挺拔。

2. 渐变韵律

建筑重复出现的组合要素，在某一方面有规律地逐渐变化，如要素加长或缩短、变宽或变窄、变密或变疏、变浓或变淡，便形成渐变的韵律。古代密檐式砖塔，由下而上的逐渐收分，许多构件往往具有渐变韵律的特点。

西安大雁塔如图 3-33 所示。建筑向上以逐渐缩小方体、高度递减的圆璇、长度缩小的出檐，重复出现，形成韵律。渐变重复，建筑并不单调，表达北方建筑的厚重感，体现民族建筑的地域性。

如图 3-34、图 3-35 所示，建筑师从中国古塔建筑中获得灵感，建筑上部双向分别渐变收分，阶梯退让产生渐变韵律感，使其获得提拔高耸感。古塔影姿的再现，体现了建筑继承传统文化，延续建筑文脉的精神内涵。

图 3-32

图 3-33

图 3-34

图 3-35

3. 交错韵律

　　建筑表皮将两种以上的组合要素交织穿插，一隐一显，形成交错韵律。在现代建筑设计中，建筑空间网架结构体系，往往具有复杂的交错韵律的美学规律。

　　在建筑室内设计中，如图 3-36 所示，建筑屋顶采用网架结构，建筑师巧妙地将建筑、结构、室内装饰等艺术形式结合起来，形成逐渐扩大交叉的菱形图案天花，丰富了室内建筑空间，表达了建筑的现代结构美，具有交错渐变的韵律感。建筑室内天窗构架、玻璃分隔形式等两种要素交错渐变形成交错秩序的韵律，如图 3-37 所示。

　　在建筑外表皮设计中，如图 3-38 所示，建筑外饰面交错采用分格，网格局部区域旋转变幻，具有交错韵律美，建筑表皮的合理划分，建筑尺度的变幻，使建筑丰富而不呆板，符合建筑的性格。

↑ 图 3-36

↖ 图 3-37

↙ 图 3-38

4. 起伏韵律

渐变韵律是按一定的规律变化，如波浪般起伏、跳动，称为起伏韵律。这种韵律活泼、富有运动感。

建筑设计中，如图 3-39 所示，建筑师运用建筑构件沿水平、竖向错动、变幻，并以此作为母题构件塑造建筑外立面，使建筑平淡中增添了活泼，建筑动感亲切。

澳大利亚的悉尼歌剧院如图 3-40 所示。建筑师运用仿生建筑的设计手法，运用建筑的基本要素——壳体，使建筑构件体量大小变化，方向变化，角度起伏变化，塑造出建筑起伏的韵律变化意境，表达海岸歌剧院的建筑个性。

图 3-39

图 3-40

3.2.6 比例和尺度

1. 比例

比例是指任何建筑都存在着三个方向——长、宽、高的度量，必须保持一定的比例关系，才能获得美的感受。

公元前 6 世纪，古希腊毕达哥拉斯学派认为：数的原则统制万物一切现象，提出了著名的"黄金分割"论。长宽比 1.618：1 为理想比例。在建筑中，各组合要素要保持着确定的"数"的制约关系。"数"超越一定的限度，就会导致比例失衡。

2. 尺度

尺度是指建筑的整体和局部给人们感觉上的印象大小与真实大小的关系。

一般来说，建筑师总是力图使观赏者所得到的建筑印象，同建筑物的真实大小相一致。对于某些特殊类型建筑，往往通过变换尺度，表达特殊类型建筑艺术氛围。如纪念性建筑通过扩大尺度，给人以"崇高感"；对于庭园建筑，人们希望建筑小巧玲珑，表达建筑的"亲切感"。

如图 3-41 所示，通过强烈的虚实对比、对称等建筑设计手法的运用，取得建筑尺度放大的艺术效果，获得建筑的庄重、肃穆感，表达出纪念性建筑

图 3-41

的个性。

如图 3-42 所示，通过格构细腻的划分、饰面纹理亲和的尺度处理，获得安逸、舒适感，符合园林建筑为人提供游览、休闲娱乐的人性化需求。

3.2.7　重复和再现

在建筑中，往往要借用某一母题的重复和再现，来增强建筑整体的统一性。重复总是和对比结合使用的，以获得良好的建筑效果。

中国古建筑中，常把"对称"的格局称为"排偶"，建筑两两重复出现，获得群体建筑的统一性。

图 3-42

图 3-43

如图 3-43、图 3-44 所示，中国古建筑群通过中轴线的引入，建筑重复出现，沿中轴线对称布局，获得了高度的秩序性，符合皇家集权建筑审美情趣。

西方古典建筑，沿中轴线纵向排列的空间，力图变换建筑形状或体量，借对比求变化；沿中轴线横向排列的空间重复再现，都是重复和再现设计手法的体现。如图 3-45 所示，建筑沿中轴线对称，运用重复的建筑体量，获得建筑的韵律，不但消除了建筑狭长的单调感，同时再现了建筑的变化统一。

图 3-44

图 3-45

西方教堂建筑中央拱圈部分如图 3-46 所示。建筑师利用不断重复同一形式的尖拱、拱构获得优美、韵律变幻的拱肋结构屋顶空间，体现建筑结构美，丰富建筑室内空间。

现代单元住宅、公共建筑标准间等都是通过组织标准空间的重复，获得建筑韵律美感。如图 3-47 所示高层点式住宅，建筑师利用竖向建筑单元重复，获得建筑的秩序性，与住宅建筑功能特点取得高度统一。

图 3-46
图 3-47

图 3-48

有时建筑师利用构成建筑的仓体单元进行建筑设计的重复出现、扭转变换、体块构成，使建筑简洁明快，符合现代建筑高效、务实的艺术特征，如图 3-48 所示。

3.2.8　渗透和层次

随着建筑技术的进步和新材料的不断出现，框架、大跨结构体系为自由灵活地分隔空间创造了条件。各部空间互相连通、贯穿、渗透，呈现出极其丰富的层次变化，获得"庭院深深，深几许"的艺术感染力。空间的渗透和层次，人们习惯以现代建筑大师的"流动空间"理论加以描述。如图 3-49 所示的建筑大师密斯设计的巴塞罗那展览馆，就是流动空间设计作品的典范。

图 3-49

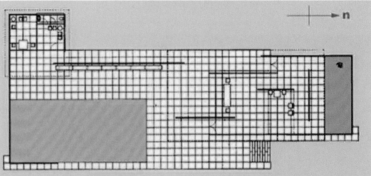

如图 3-50 所示的建筑内部空间，建筑采用剪力墙结构体系，建筑室内获得开敞的大空间，室内片片隔墙分隔贯穿，隔墙材质、高低、厚薄变化，丰富视觉感受，同时塑造出空间或长或宽、或高或低、或开敞或封闭、或透明或遮挡，空间联通变幻，形成丰富的层次感，生活其中，人们尽享建筑的艺术魅力，不感觉单调乏味。

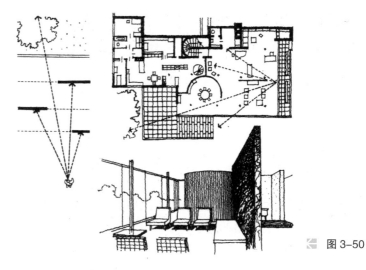

图 3-50

图 3-51

建筑空间渗透和层次不仅用于室内空间的分隔变幻，而且也常适用于建筑室外庭院、建筑外立面、建筑室内剖面相近楼层的"共享空间"等的建筑空间设计上。

在建筑室内大厅与室外庭院空间设计上，如图 3-51 所示，建筑师通过错叠的连廊划分狭长的建筑夹层空间，取得空间的丰富层次感；建筑空间的相互渗透，使建筑庭院空间化呆板为丰富，获得"庭院深深，深几许"的艺术感染力。

在建筑室内中厅空间设计上，如图 3-52 所示，建筑师巧妙地设置廊桥，竖向连接楼梯，极大丰富了建筑室内空间层次，阳光透过侧面大窗，倾泻而下，整个大厅宛如室内庭院，活泼、轻快而又热情奔放。

中国古典园林的借景正是这一手法——渗透与层次的体现。"借"是把彼此的景物引入本处空间，达到空间的相互渗透，丰富空间的层次感。

图 3-52

图 3-53

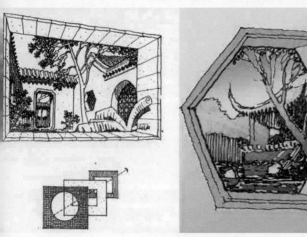

图 3-54

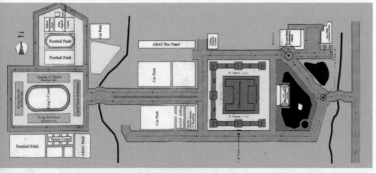

图 3-55

图 3-56

如图 3-53 所示，建筑师通过建筑环廊的过渡空间处理，使建筑室内与室外环境有机结合，情景交融。室外荷塘、室外角亭与室内空间达到建筑间看与被看的艺术效果，从而获得一种建筑空间的层次感。

如图 3-54 所示，建筑师通过建筑墙面空洞——漏窗的艺术处理，将另一空间的景色，借入到本空间中，空间景色时隐时现，表达含蓄、深远的建筑意境。

3.2.9 空间序列

建筑艺术特征是组织空间的艺术，建筑往往有多个空间构成，建筑空间在连续行进过程中，从一个空间到达另一个空间，逐步得到建筑的整体印象。有效的组织空间、时间等要素，便可形成空间序列。"步移景异"，在建筑空间行进过程中感受到既和谐一致，又富于起伏、节奏、变化的空间特征。

泰国易三仓大学班纳校区建筑总体布局就是运用了建筑空间序列的美学规律进行设计的。建筑的总平面图如图 3-55 所示。可以将校园总体布局概括为：一湖二桥，两点一线，东西走向，庭院围合，长轴布置。校园建筑如图 3-56、图 3-57 所示。建筑总体风格为哥特式，宗教色彩浓重。

校园的空间序列是这样展开的。从东侧进入校门，学校入口的园林景观自由布置，具有东方神韵。临湖建有教堂、礼堂和泰国风情维多利亚式祠堂。绕过湖面便是教学行政主楼，是校园建筑序列的高潮。教学行政主楼呈长方形平面组合，庭院围合。庭院呈几何形状，是典型的西方欧美英法庭院园林风格。教工食堂、学生食堂设在教学行政主楼一层两厢。教学行政主楼造型呈简约哥特式，符合教会宗教建筑特征和泰国易三仓大学教会办学的历史渊源。经过教学行政主楼向西，过欧式小桥便是博物馆和钟楼组成的一组建筑，轴线的尽端是接待宿舍区，形成建筑序列的结尾，如图 3-57、图 3-58 所示。学校各二级学院教学楼呈庭院布置分列于轴线两厢。男女学生宿舍与博物馆和钟楼、接待中心宿舍共同围合成学生活动场地。

学校体育馆、游泳馆和网球场、足球场分列宿舍区两厢。临近宿舍、网球场、足球场和钟楼，建有小型超市和餐厅、茶吧，方便学生日常生活。图 3-59、图 3-60 所示的建筑，是建筑序列的过度与展开。

建筑空间序列的组织是综合运用对比、重复、过渡、衔接、引导等一系列处理手法，在建筑空间序列中，注重高潮和收束。有收束的建筑空间便不会松弛；有高潮的建筑空间便会产生共鸣，才不会压抑和沉闷。建筑空间之间要注意过渡和衔接，由室外进入室内并不突然，建筑空间中穿插小空间进行衔接，增强建筑空间的节奏性、连贯感。

建筑序列过渡空间处理的设计如图 3-61~图 3-66 所示。建筑师将建筑庭院空间设计得或狭长、或宽阔；建筑空间对比变化，富于节奏感；建筑室外空间与室内空间不但建筑装饰风格统一，而且建筑空间合理过渡；建筑室外空间与室内空间通过围合庭院的设计手法，将建筑空间有效衔接与引导，使整个校园建筑空间序列完整统一。

图 3-57

图 3-58

图 3-59

图 3-60

图 3-61

图 3-62

图 3-63

图 3-64

图 3-65

图 3-66

3.3 现代建筑设计的发展倾向

20世纪50年代，世界经济快速发展，建筑技术突飞猛进，现代建筑的发展进入到"黄金期"。在现代主义建筑理论的指引下，建筑师们的设计手法、美学规律的运用，呈现多样性，涌现出建筑设计"标新立异"的倾向，具体表现可概括为以下几种。

3.3.1 追求技术精美的倾向

追求技术精美的倾向注重建筑造型简洁、立体主义构图和光影的变化，强调面的穿插，讲究纯净的建筑空间。他们着手的是简单的结构，将室内外空间和体积完全融合在一起，展现出技术精美的格局。通过对空间、格局以及光线等方面的塑造，创造出全新的现代化模式的建筑。在对比例和尺度的理解上，体现出扩大了尺度和等级的空间特征。在建筑材料的运用方面以纯净、透明为特点，采用精致的钢、玻璃和磨光花岗岩等建筑构配件，并加以精心加工、安装和施工，从而获得简、细、精、美的艺术效果。

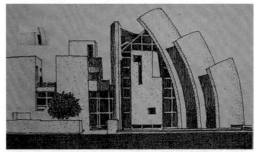

理查德·迈耶事务所设计的千禧教堂 (Jubilee Church) 如图3-67所示。建筑材料使用了混凝土、石灰华和玻璃。玻璃屋顶和天窗让自然光线倾泻而下，夜晚教堂的灯光透出照耀夜空，营造出一份天国的景观。三块大型的混凝土翘壳看上去如同白色的风帆，以极简的方式表现外部空间和划分教堂礼拜厅空间。白色风帆高耸入云，竖向线条强劲有力地展现了哥德式教堂的垂直风格。在内部空间，靠近内侧的两面墙隔出的不稳定的方形空间也令人联想到传统的哥特式圣殿。天主教廷夸张地将这三块白色的风帆视为"圣父"、"圣子"、"圣灵"三位一体的象征。技术精美的设计使这座建筑成为地标建筑，空间、格局以及光线等方面的塑造也使这座教堂成为教堂设计中的典范。

图 3-67

3.3.2 野性主义倾向

野性主义倾向是与追求过于纯净的技术精美倾向相对比的。它在建筑设计上多表现为不加装饰面的混凝土、笨重的建筑构配件。建筑表情近乎冷酷，建筑如同承重的、巨大的雕塑。

日本京都国际会馆如图3-68所示。它是为举行国际会议以及全国性的会议和交流活动而设立的。该会馆既体现出对日本古代文化的传承，又具有现代粗野主义的建筑设计倾向。会馆的横断面采用了构思新颖的下层为梯形、顶层为倒梯形的形式。这种造型是由日本神社木架结构演化而来的。采用梯形有利于改善会堂内的音响效果，减少会堂上部空间的体量，节约空调费用，还可利用梯形断面下层大、上层小的特点在不同层次布置规模各异的会场。顶层的办公用房设计成倒梯形，类似日本传统建筑中的挑檐，既与下面正梯形空间相呼应，又显出独具一格的日本民族风貌。建筑构配件采用不加修饰的混凝土，异常厚重粗犷。

3.3.3 典雅主义倾向

典雅主义倾向的建筑表情，使人和古典主义建筑联系在一起，也因此常被人称为"新古典主义"。典雅主义倾向在建筑设计上，以现代建筑材料、现代建筑技术和简洁的建筑体型来重塑古典主义建筑的端庄和典雅。

建筑如图3-69（a）所示，采用古典建筑的三段式划分形式，转角处塔楼依稀让人感受到古典主义建筑的钟楼。外墙面运用彩带饰面划分，窗口饰以简练线脚，建筑整体依然体现出古典主义建筑的端庄典雅。

建筑如图3-69（b）所示，延续古典建筑的三段式划分形式，外饰面表皮高度简练，顶部采用"穹顶"和"斗顶"，具有古典建筑的特征。

建筑如图3-69（c）所示，顶部韵律渐变、依次收分，直至顶部塔尖，犹如哥特建筑的再现。

图 3-68

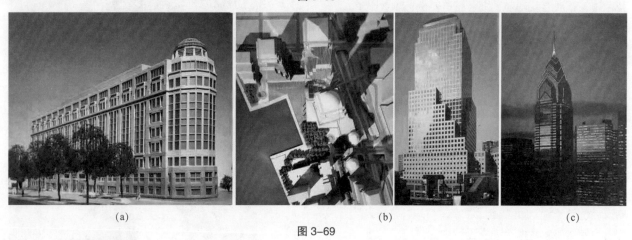

（a） （b） （c）

图 3-69

3.3.4 高技派倾向

高技派倾向的设计出发点，更多地体现建筑技术与建筑艺术、建筑的高新结构技术和设备技术的完美结合，着眼于建筑的结构美、设备美。设计手法多体现为祖露结构、暴露设施和设备管线。为增加建筑的艺术表现力，外露的设施、设备、管线、结构等构件经常按功能需求涂以不同的颜色。

建筑大师福斯特设计的香港汇丰银行如图 3-70（a）所示。建筑采用 8 组组合钢柱作为竖向承重结构，横向承重则集中在 5 个带有斜拉杆、近似于桁架的结构上。每层结构之下分别吊着 4~7 层的楼面，作为水平结构，近似于桁架的斜杠，则占据了两层的高度。这样做的好处是可以在中央部分形成一个开敞的中厅，也便于底层供大量人流顺畅地通过。在外观表现方面，建筑师充分利用这种独特的结构形式，向人们展示高技术风采。

建筑大师皮阿诺设计的休斯顿米奈尔收藏馆如图 3-70（b）所示。建筑采用了先进的采光系统，成百组的采光叶片安装在明净的玻璃下的三角桁架上，而玻璃被支撑在三角桁架上。叶片按当地的太阳

（a） （b）

图 3-70

日照轨迹制作，形成一定的弯曲度，使博物馆获得良好的自然光线。精美的叶片覆盖建筑并在建筑四周形成回廊，建筑总体形象犹如优雅的乡村府邸。建筑集坚硬与柔软、复杂与简单、技术与情感与一体，与其他高技术有所不同，更加注重建筑与环境的结合，是高技术建筑的典范。

3.3.5 "人情化"与"地方性"的设计倾向

"人情化"与"地方性"的设计倾向是提倡设计师不但要解决建筑本体功能，同时更应重视解决人们人性化功能的综合需求，尤其是心理感情需求。建筑不但要讲技术、经济，也要注重形式；在形式上，强调特定环境的建筑艺术特征。它批评建筑无条件的表现新技术，反对建筑形式上的雷同，它呼唤建筑的"地方性"、"人性化"特征。

建筑大师美国的格雷夫斯设计的图书馆如图3-71（a）所示。建筑高高低低的屋顶、多种式样的窗型和院落，使建筑宛如一个防守严密的小型村庄，表达了浓郁的建筑地方性。

印度建筑师拉兹·里沃尔设计的国家免疫学院如图3-71（b）所示。建筑师巧妙地组织庭院空间，为防止强烈的阳光直射，建筑屋面组织纵横框架格构。建筑师从地域环境气候的适应中，发掘地方文化内涵，并运用于建筑创作中，创造出具有鲜明地域文化的建筑。

日本建筑师原广司设计的"大和世界"如图3-71（c）所示。建筑师在建筑创作中从传统聚落民居出发，以聚落民居变化的山墙、小巷、形态各异的广场以及屋顶花园等元素作为创作素材，建筑外饰面选用现代材料铝板，使整个建筑银光闪闪，体现出具有梦幻色彩庄园特征的现代都市建筑。

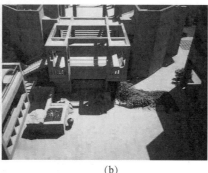

(a)   (b)   (c)

图 3-71

3.3.6 "象征"的设计倾向

"象征"的设计倾向认为，建筑创作不是预先固定在某种风格和原则上，而是设计任务要求、特定环境共同作用的结果，是多种目的设计任务要求、多种设计方法解决建筑问题的结果。建筑的形式变化多端，各具象征性，运用几何构图、抽象、象征来达到建筑设计的不同，使每一个不同的场地都有不同于其他建筑的个性和特征。

建筑大师扎哈·哈迪德设计的世界杯体育场，如图3-72所示。建筑在几何图形的基础上运用流动的曲线，表达体育运动建筑的特质，象征着未来、希望，让人联想到运动"生命之源"这一话题。

图 3-72

3.4 现代建筑之后的新兴建筑设计流派

结合现代主义时期建筑创作实例，通过对现代主义建筑许多代表人物的理论主张和作品美学规律的分析，人们可深刻地感受到现代主义建筑所刻留的、工业化社会的时代烙印。工业化发展时期，人们追求的是技术革新和提高生产效益，建筑师应借鉴当代造型艺术和技术美学的成就，与时俱进地总结建筑设计手法和当代美学规律，努力创造出符合时代特征的建筑风格。在现代主义之后涌现了诸多的建筑风格与流派，成为现代建筑的有效补充和发展。如今的建筑行业，建筑创作呈现出百家争鸣、空前繁荣的现状，极大丰富着人们的物质和精神生活。

3.4.1 "构成主义" 建筑设计流派的美学特征

构成主义（constructivism），又名结构主义，兴起于俄国的艺术运动，发展于 1913 年至 20 年代。构成主义是指由一块块金属、玻璃、木块、纸板或塑料组构结合成的雕塑。它强调的是空间中的势 (movement)，而不是传统雕塑着重的体积量感。构成主义接受了立体派的拼裱和浮雕技法，由传统雕塑的加和减，变成组构和结合，同时也吸收了绝对主义的几何抽象理念。构成主义也运用到悬挂物和浮雕构成物设计领域，对现代雕塑有决定性影响。构成主义在艺术、建筑学和设计领域有着广泛的实践。

一切因素的建筑活动都是为了创造良好的生活空间。空间是建筑的本质，建筑空间有其自身特有的特点。它既包含围合限定空间，又包含被外部空间围合，被限定的空间形态。围合限定的建筑空间是建筑的灵魂。建筑空间由若干空间单位构成，每个空间单位就是建筑空间基本几何体。建筑构成就是要根据具体的设计意图、建筑构成的基本原理和规律、建筑的组合原则，对空间单位进行增减、分裂、旋转、扭曲等变形处理，创造出富于"重复与再现"、"相交与更迭"、"切割与贯穿"、"衔接与过渡"、"渗透与层次"、"序列与节奏"的空间形态和独特的建筑风格。

建筑空间的构成方法、美学特征可概括为以下几个方面。

1. 加法、减法

建筑创作中，在不失建筑的主导特征与性质的前提下，在建筑空间基本形体上，增加或减少某些类似的附加形体、建筑空间单位。建筑师常把这一建筑空间的构成方法、美学特征称为建筑构成的加法、减法。如图 3-73 所示，建筑主体增加了方体；如图 3-74 所示，建筑主体减去、分离出建筑圆的建筑单元体量。

图 3-73

图 3-74

2. 切削和分裂

某些建筑如图 3-75、图 3-76 所示。建筑师在建筑空间基本形体上，切削和分裂部分形体，使其转化为其他形体。建筑形体之间既相互对立，又相互吸引，共同构成独特的建筑风。

3. 穿插和拼镶

建筑创作时，建筑师将建筑的某一形体，以不同质感的材料、不同形状的表皮从建筑基本体中生长出来，与建筑本体相互转换、相互依存、相互衔接、凹凸变幻有机构成，产生建筑形体不同部位间的对比变化，如图 3-77、图 3-78 所示。

4. 扭曲

在建筑创作中，建筑师在建筑基本形体基础上，对建筑的整体或局部进行扭转和弯曲，使平直刚硬的几何形体具有柔和、流动感。建筑师在进行建筑创作中，在运用扭曲这一美学规律时，一般选择在建筑的屋面、墙面等部位进行运用，如图 3-79、图 3-80 所示。

1	
2	
3	4

1. 图 3-75
2. 图 3-76
3. 图 3-77
4. 图 3-78

5. 翻转与旋转

在进行建筑创作时，建筑师将建筑依一定方向转动、展开，旋转、运动、上升，产生强烈的动态感和生长感。如美国古根海姆美术馆（图 3-81 和图 3-82）、上海世博会奥地利国家馆（图 3-83），都是翻转与旋转构成手法的建筑体现。

1	2
	3
4	
	5

1. 图 3-79
2. 图 3-80
3. 图 3-81
4. 图 3-82
5. 图 3-83

6. 隆起与膨胀

隆起与膨胀是指建筑基本形体在某个方向凸起，模糊了建筑的边缘，建筑表面、界面成为曲面和曲线，使建筑富于弹性和膨胀感。如某科技中心和武汉杂技馆（图 3-84）、某博览馆（图 3-85），都是运用了这一手法，创造出具有时代特征的建筑形象。

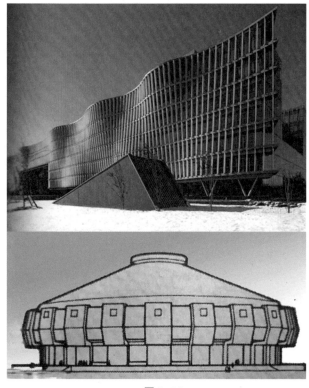

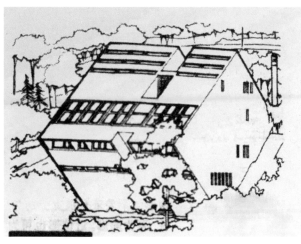

图 3-84

图 3-85

7. 倾斜

倾斜是指建筑形体的面和面之间，与基准面间形成一定角度倾斜，在建筑整体保持稳定的前提下，使建筑产生某种动势和动态。如图 3-86 所示意大利某山丘住宅，就是这一手法的体现。

8. 收缩

建筑形体在垂直方向由下至上逐层规律退让或突出，烘托建筑的挺拔秀美或倒置不稳定的悬念感，如图 3-87 所示。

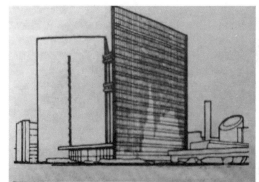

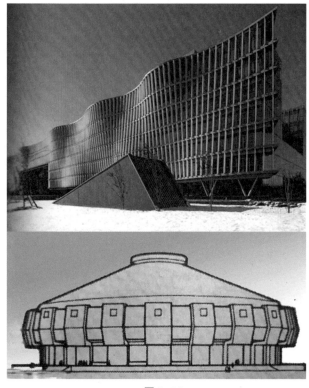

图 3-86

图 3-87

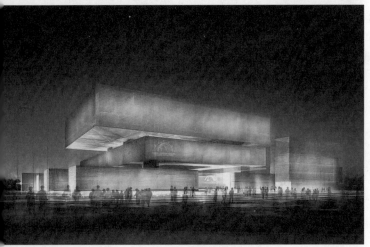

图 3-88

9. 连接

由过渡形体将两个有一定距离的建筑的两个部分连接起来，构成一个完整的整体。连接体往往具有独特性，形成建筑体量的变化，彰显建筑的个性，如图3-88 所示。

如今"构成主义"流派思想理论几乎成了现代造型艺术的设计基础。"构成主义"的创作手法、美学特征，普遍运用于建筑创作领域，指导着建筑师的创作活动。

3.4.2 "解构主义"建筑设计流派的美学特征

解构主义是 20 世纪 80 年代中期产生的一个全新的建筑流派，以哲学家"德里达"提出的解构主义哲学为理论依据，以彼得·埃森曼、伯纳德·屈米等建筑师为实践者。解构主义主张建筑设计贴近和表现时代精神，从逻辑思维开始颠覆传统的设计理念。

某建筑如图 3-89 所示，建筑师将建筑扭曲、变形，使建筑具有畸变的审美特性。

建筑大师屈米设计的维莱特公园如图 3-90 所示。在公园的设计规划中，点、线、面系统和规划中的所谓疯狂物体现了建筑师采用反中心、反统一的分离战略的观念。这一观念使建筑的任何部位都不能成为自我完善的整体，采用片段、叠置的艺术手法，激发分离的力量，使空间整体感消失。

解构主义风格的建筑常被认为具有散乱、残缺、突变、动势及奇绝等形象特征。

图 3-89

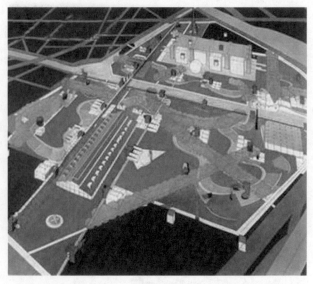

图 3-90

1. 散乱

解构建筑在总体形象上都显得支离破碎，零乱松散，边缘不整，变化多端。如图 3-91 所示，建筑在形式、色彩、比例、尺度、方向等美学规律方面的处理上非常随意自由，打破了建筑形式美的基本法则，避开了古典建筑的痕迹，不讲究建筑轴线与团块的组合，让人感觉找不到头绪。

2. 残缺

不求完整与整齐，甚至故作残损、破碎状，令人愕然。形式上处理得好的建筑，会耐人寻味，有缺陷之美感。

建筑大师埃森曼设计的韦克斯视觉艺术中心如图 3-92 所示。建筑造型采用堆砌、断裂、残缺的混凝土，使建筑的塔楼、圆拱窗具有一种残缺的艺术美。

3. 突变

解构建筑中的各元素间的连接常常显得突然，没有关联，甚至让人感到过渡生硬、牵强，风马牛不相及。没有预示，好像偶然间遇到了一样，让人找不到缘由。

日本建筑师藤井博设计的艺术中心如图 3-93 所示。建筑师运用民族建筑片段向传统建筑表述疑问，强调建筑空间的突变而不连续，用一些不完整的建筑元素构成建筑空间。

图 3-91

图 3-92

图 3-93

4. 奇绝

标新立异是解构建筑的共同特点，也是建筑师热衷追求的创作方向。反常而不同常理的建筑形象是解构建筑师的常理之作，在他们看来反常才是正常，以起到标新立异的作用。

建筑大师屈米设计的维莱特公园中一单体建筑如图3-94所示。建筑师用"龙"的建筑形象来表达美的客观随意性，制造建筑的离奇。

5. 动势

倾倒、扭转、弯曲等富有动态的形体是解构建筑常用的表现手法，造出失稳、滑动、错移甚至是翻倾坠落等不安的架势。但有的也会造出轻盈、活泼、灵巧、飞扬的趋势，好似中国的水墨之作，或是磅礴，或是柔美、妖娆。

图 3-94

建筑大师盖里设计的布拉格尼德兰大厦如图3-95所示。建筑位于两条街道的交角，建筑采用双塔相依，一栋扭曲，一栋直立，一栋表皮饰以透明玻璃，一栋正常开窗，阴阳虚实对比，建筑整体造型宛如"跳舞者"，在周围环境中不能说协调，颠覆了传统的设计理念。

虽然，解构主义建筑还有其他的特征，但以上五点表现得尤为突出。

解构主义在哲学领域是一个思想理论学派，在作为视觉艺术门类之一的建筑领域中的运用，已形成了一种建筑创作的风格流派。

3.4.3 "后现代主义"建筑设计流派的美学特征

后现代主义是20世纪60年代兴起的，也有人称其为"现代主义之后"，它是对许多建筑运动的统称。这时的新流派没有共同的风格，也没有团结一致的思想信念，但它们满怀着批判现代主义的热情和希冀，共同相约在"后现代主义"旗帜下。

后现代主义表现出对现代主义风格中纯理性主义倾向的批判，后现代主义风格强调设计应具有历史的延续性，但又不拘泥于传统的逻辑思维方式，探索创新造型手法，讲究人情味，追求个性化。

图 3-95

后现代主义在设计中常把夸张变形的，或是古典的元素与现代的符号以新的手法融合到一起，即采用非传统的混合、叠加、错位、裂变及象征、隐喻等手段，以期创造一种融感性与理性，集传统与现代，揉大众与行家于一体的"亦此亦彼，非此非彼，此中有彼，彼中有此"双重译码的设计风格，重现历史文脉、文化内涵及对生活的隐喻。

后现代主义风格在设计中仍秉承设计以人为本的原则，强调人在技术中的主导地位，突出人体机能工程学在设计中的应用，注重设计的人性化、自由化。推崇舒畅、自然、高雅的生活情趣，强调人性经验在设计中的主导作用，突出设计的文化内涵。

美国建筑师斯特恩提出后现代主义建筑有三个特征：采用装饰；具有象征性或隐喻性；与现有环境融合的典雅——新古典主义特征。

1. 装饰性的美学特征

后现代主义在观念、设计方法上以复杂性和矛盾性去洗刷现代主义的简洁性、单一性。采用非传统的混合、叠加等装饰设计手段，以模棱两可的装饰感取代陈直不误的清晰感，以非此非彼、亦此亦彼的杂乱折衷取代明确统一。在艺术风格表现上，主张运用建筑装饰体现建筑的多元化统一。如美国纽约赫斯特大楼（图 3-96）上部为现代简约玻璃幕墙，幕墙分格具有装饰性，建筑底部为传统处理手法，运用古典建筑符号，折衷地表达了对传统的延续，并与环境相融合。

图 3-96

2. 象征性和隐喻性的美学特征

后现代主义在设计方法上，抽象吸取传统建筑的比例、符号，以此作为建筑构思的出发点，以象征、隐含的方式体现出对传统的理解、尊重与怀旧。建筑的表现形式上，多体现为一半现代、一半传统的融合，具有戏剧性。

泰国联合海上银行总部如图 3-97（a）所示。建筑运用古典建筑形式折衷地表现出来，以酷似机器人的建筑形象表达对古典建筑的反叛，设计上体现极大的随意性和象征性，近乎没有逻辑。

日本建筑师隈研吾所设计的马自达汽车展销综合楼即 M2 楼如图 3-97(b)所示。这是一栋奇思怪想的建筑。它不仅引用西方古典建筑片段，如叠石、拱券等，而且没有现代建筑传统的比例尺度，建筑中央竖起巨大的爱奥尼柱，似乎毫无功能可言，这也许是对传统建筑的一点怀念吧！

(a) (b)

图 3-97

3. 与现有环境融合、体现文脉延续性的典雅——新古典主义美学特征

后现代主义主张继承历史文化传统，强调建筑设计延续城市、地域的历史文脉。在 20 世纪末怀旧思潮的影响下，后现代主义追求传统的典雅与现代的新颖相融合，创造出集传统与现代、融古典与时尚于一体的大众设计。

美国休斯顿大楼如图 3-98 所示。该建筑延续历史传统，运用哥特式建筑的简约处理，再现、延续传统建筑文脉，从而备受大众青睐。

图 3-98

3.4.4 体现新技术的"新有机主义、生态、绿色"建筑设计流派的美学特征

欧洲称之为生态、可持续建筑，我国和美国称之为绿色建筑。进入 21 世纪，随着科学技术的大发展，人们开始反思工业社会时代给人类留下的严重的社会问题和生存问题。人们认识到：人与自然应从对抗、掠夺走向和谐、节约自律、共存共生、可持续发展。

绿色建筑，不仅关注建筑与人的关系，同时关注资源消耗与资源使用效率的关系，更加关注建筑与人居系统的安全、和谐、共生和优化。其内涵是在建筑设计、建筑技术、建筑材料、建筑构造、建筑功能、建筑管理、建筑拆除等寿命周期中，体现绿色建筑的精神。在人居生态系统的建筑和运营中，绿色建筑首先选择适宜的生态空间，进行人居系统的空间管制、功能组织、容量调整、资源配置，以最少的地球资源消耗，最高效使用资源，最大限度满足人类宜居、舒适生活的要求，建立人与自然和谐、安全、健康的共生关系。

建筑师要以科学的生态观，去积极调整自己的建筑认知、职业态度和责任。建立绿色建筑职业意识，完善绿色建筑技术能力，提高绿色建筑的社会服务水平，是建筑师面对当今社会和未来社会执业的必要职业规范和条件。

新有机主义、生态、绿色建筑在形象塑造方面更加注重有机形态及其精神表达。从盒子的解体，到流线形的塑造，建筑的态势从机械的几何构成，转向对自然生物形态的模拟，建筑表情从静态转向动态，还有象征意义的个性表现，使建筑不仅与环境结构相协调，而且注重建筑形态与结构、机能的完美统一。

如图 3-99 所示，建筑一改几何图形的面孔，动态攀升、生于大地、融入大地，建筑形态、建筑机能、建筑结构完美统一。

如图 3-100 所示，建筑升起于大地，与环境融为一体，表达建筑对大地的思念之情及富于人性化的艺术品质。

1. 新有机主义、生态、绿色建筑在形象塑造方面遵循的原则

1）自然形态与分形几何的转换在建筑上的应用

分形几何的转换应用体现在建筑的结构构架系统、表皮系统、空间系统、设备系统等。将其几何转换与运用、动态与韵律变幻，用来表达仿生建筑特征，如图 3-101 所示。

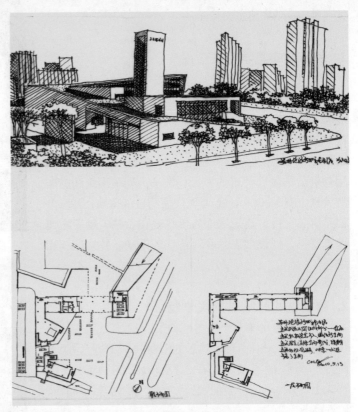

图 3-99

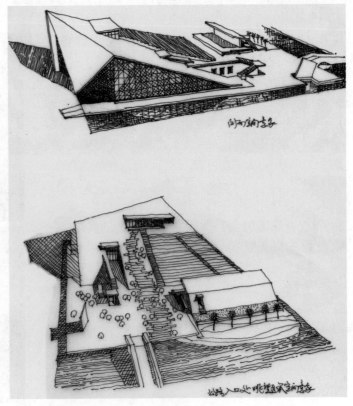

图 3-100

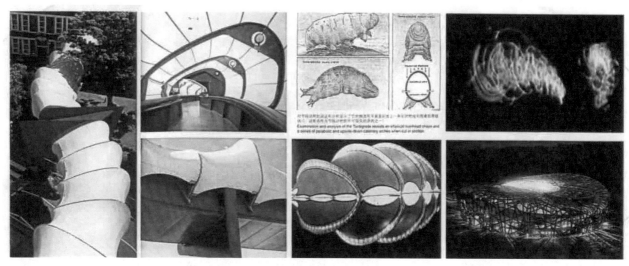

图 3-101

近几年提倡的建筑会呼吸的表皮，就属于自然形态与几何学的转换。运用当代建筑可呼吸式外墙技术，使建筑表皮具有保护、呼吸、温度调节、自然通风、物质交换等功能。建筑可呼吸式外墙技术通过控制双层墙间的空气流动，满足室内房间通风换气要求，即便是风雨环境、高空位置，建筑也可通风换气。空气间层的热惰性有效改善内墙体的热工性能，同时建筑遮阳板的安装，使双层墙具有良好的节能效果。双层墙带来丰富的建筑表皮，使表皮具有机械几何秩序美。例如图 3-102 所示某市政厅建筑。

2）"腔体"空间的模拟与转换、生命体骨骼构架的模拟与转换等自然形态的转换在建筑上的应用

（1）"腔体"空间的模拟与转换。自然界存在着许多天然空间形式，如海绵体空洞、生物体内组织空隙、腔室。建筑腔室空间正是基于对生物体腔室空间与机能的模仿，在有效利用太阳能、风能基础上，形成低建筑本体能耗的内部空间。这些内部空间可形成中厅、天井，在中厅、天井中，充分利用绿色能源所形成的能量流，在限定空间内获取微风习习的舒适环境。这样的设计处理使天井、中厅具有了通风、调节气候的作用。

斯蒂文·霍尔（Steven Holl）设计的麻省理工大学西蒙斯宿舍楼（MIT Simmons Dormitory）如图 3-103 所示。建筑师巧妙地将海绵的"渗透性"和"多孔性"转化为有机空间，并多维度方向贯通整个建筑，人工洞穴达到几层楼高，形成调节室内环境的共享空间。

图 3-102

图 3-103

（2）生命体骨骼构架的模拟与转换。自然界生物体历经复杂演变，最具合理性，通过模拟与转换，可实现建筑力与美的结合，如图 3-104 所示。

3）拓扑几何学的转换在建筑上的应用

当代新兴拓扑几何学为建筑提供了更多想象空间，拓扑建筑界面的流动性和粘连性，消除了传统建筑的屋面、墙面、楼面之间的界限，建筑成为连续空间的建构。

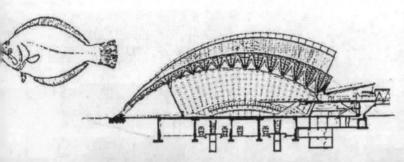

图 3-104

图 3-105

如图 3-105、图 3-106 所示，建筑以连续、丰富、自由的形态隐喻柔软的动物内脏，建筑将传统意义、模块式的屋面、墙面、楼面流动起来，建筑内外空间的安排成为戏剧性的事件。

4）人性化的场所建构

新有机主义、生态、绿色建筑特别注重场所建构，关注人造空间与自然空间的交叉，注重多重事件的发生与印记体验，并努力回避传统建筑片段语言，运用新科技，追求深层次开发的有机、绿色建筑空间体系。

新有机主义、生态、绿色建筑追求自然意趣、奇异的空间，以及戏剧性故事情节的营造，从重视视觉空间的构成，提升到注重"听、思、嗅、触"的场所环境的营造和对历史记忆的关注。

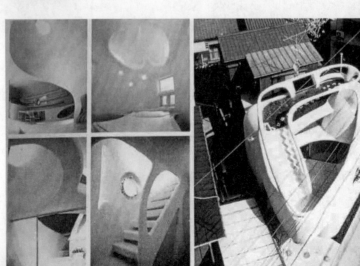

图 3-106

如图 3-107 所示，建筑为展示厅，建筑攀升、扭转似彩带，将城市与百姓连接在一起，表达城市生活与人的生活息息相关。建筑创作，表达追求精神生活的体验。

如图 3-108 所示，建筑模仿古生物化石造型，营造独特的建筑地域环境，表达对历史的记忆。入景生情，建筑场所可观、可思，进而可嗅、可触。

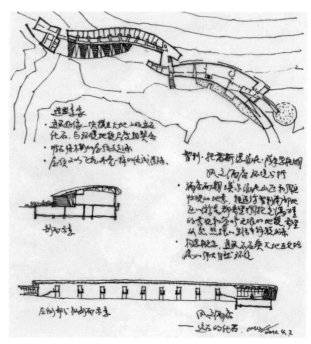

图 3-108

2. 新有机主义、生态、绿色建筑的技术开发与运用

注重结合高新技术的流线、复杂形态，以及结合技术与地方传统的乡土风格。当代复杂科学与生物学的引入、建筑新技术设备的使用、高性能金属合成材料的应用，使生态、绿色建筑形态更加简约、丰富和复杂，也更加温柔、细腻、自由，更加富有诗意和幻想。建筑师正在试图从建筑与环境之间，运用主动式设计技术和被动式设计技术的方法与手段，实现建筑的绿色、可持续发展。

如图 3-109、图 3-110 所示，建筑运用新技术，使建筑表皮如同人的皮肤一样，不但保护建筑内部不受外界气候影响，而且形成空腔，利于气流交换，实现了建筑功能系统生态、节能的高效运转。建筑外表皮从传统建筑解脱出来，外立面塑造从朴实、厚重转向轻盈、精致。

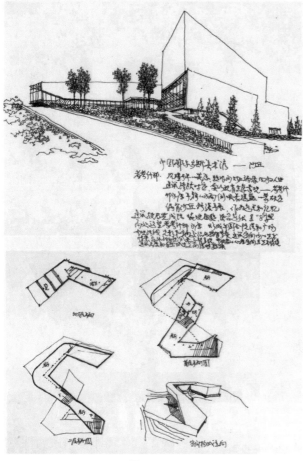

图 3-107

图 3-109

图 3-110

英国康沃尔伊甸园如图 3-111（a）所示。屋面使用 ETFE 建筑新材料不但使建筑材料易回收、可循环利用、环保、性能优越，而且有益改善建筑的采光、通风、调节温度等诸多物理性能，更能带来建筑全新的表皮，为建筑师创造新颖的建筑空间、节点构造形式提供广阔天地。德国柏林 GSW 大楼改建如图 3-111（b）所示。

建筑使用双层可呼吸外墙技术，使用外墙遮阳设施，使建筑表皮具有丰富的层次和表情。

（a）　　　　　　　　　（b）

图 3-111

马来西亚建筑师杨经文设计的私宅如图 3-112 所示。建筑南北向布置，争取阳光并能接纳西南风，屋面设伞状弧形条板，使建筑在日光下始终处在阴影中，从而节约建筑能耗，这一做法体现了绿色建筑的思想。

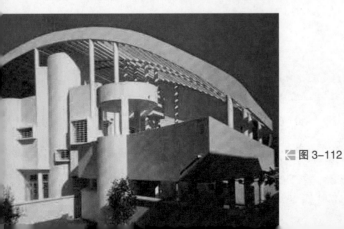

图 3-112

马来西亚建筑师杨经文设计的梅纳拉商厦如图 3–113 所示。建筑师在建筑的外部和内部采用了"双气候处理"新技术，以降低建筑能耗；建筑表皮造型螺旋上升，创造出楼面绿化公园，体现生态、绿色、人性化的设计理念；建筑外表皮东西向采用铝合金百叶，南侧选用镀膜低辐射玻璃，以创造柔和的光线；建筑通风良好，楼面富氧而避热的环境，有效实现了生物气候技术在建筑上的运用。

我国地域广大，存在生态系统多样化的格局特点，提高对绿色建筑的认识、掌握绿色建筑技术、发展绿色建筑具有重要的科学地位、社会意义、经济价值、政治作用。人们应遵守生态优先的原则，从不同生态系统所属区域、城乡体系、建筑系统、生态功能思考出发，有针对性的、适应性的、有特色的，对绿色建筑进行组织、界定、管理和控制。通过技术体系的规范、标准化，使绿色建筑生态规划、生态设计在城乡建设中持续发展。

南京鼓楼医院新楼如图 3–114、图 3–115 所示。

在生态绿化环境设计方面，建筑师将传统意义上的花园分解为庭院、中厅、窗前等三层级绿化系统花园，让病患在床上就可以享受到只属于他自己的空中花园。病房窗前细小单位花园编织成建筑的表皮肌理，外立面演变为花园的载体。镶嵌在外立面的植物与地面的各主题庭院公园连缀为一个巨大的花园系统，整个系统立体而丰满，使花园无处不在、触手可及，并与建筑形成绿色生态系统。

图 3–113

在生态绿色技术方面，建筑师将现代化的营建技术转译成医院的外立面，并将传统"汉"文化体现在建筑上，建筑的内外界面可分解为"光"、"风"、"景"、"植"、"用"、"滤"等六个方面的图层。六个方面的诗意而具有功能意义的图层，在现代技术的演绎下焕发出无限生机。如柔和的窗纸成为外立面磨砂的凸窗，为室内带来温柔明亮的光；悬挂的竹帘被换成外层悬挂的穿孔铝板；窗前的绿色植物被编织在诊室和病房的每一个窗前。

在光的利用上，建筑师有效设计采光窗，凸窗外层选用磨砂玻璃，将户外的直射光和天光漫射为明亮柔和均匀的室内光线，提升室内光环境，既节省了夏日空调能耗，又为地处闹市中心的病房和诊室带来更好的私密性空间。

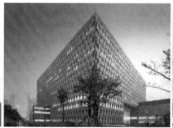

图 3–114

图 3–115

在建筑借景处理上，建筑凹窗选用双层夹胶透明玻璃，为室内房间的人们提供了对外观景的条件；在建筑凹窗周边，由凸窗和外悬挂铝合金穿孔板共同形成的景框，为身在室内的人们带来非对称的观景趣味，如图3-116所示。

图3-116

在建筑自然通风方面，建筑单元式的凸窗侧面区域被设计成可开启的30cm宽的侧向通风窗，开启时侧向的自然风流动，可带走窗边的积热，从而很好地保持室内的温度，调整室内小气候。

在建筑种植方面，建筑师利用凹凸窗间的深度，设计了预制的种植箱，种植常春藤，采用塑料滴灌自动灌溉，使窗前绿意盎然，植物既净化室内空气，也暗示着对生命的热爱。

在病房、诊室的凸窗空间使用方面，建筑师将窗台内部高度设计为与诊室内的桌子台面等高，使窗台空间成为诊室桌子的积极延伸面，从而提高室内空间的使用效率。而病房的凸窗窗台则被用来放置鲜花植物，或成为病人和家属闲坐、交谈的空间。

在紫外线过滤方面，建筑师充分考虑南京是我国四大"火炉"之一，夏季空调耗能比较大的地域特点，兼顾医院建筑主导朝向是东西朝向的建筑布局，将建筑最外层的铝合金穿孔板与凸窗设计成极为接近的通透度，以获得外立面均质柔和的感觉，并为建筑物整体提供了遮阳，起到了过滤紫外线的作用。外饰面大规模的使用外遮阳铝合金孔板，可大幅降低建筑物耗能。

综上所述，当今建筑师应当从建筑的可持续发展角度出发，主动运用绿色建筑材料和技术，积极面对全球的能源危机给人类带来的生存困扰，在生理、机制、行为、心理、美学、语言、符号等方面探索建筑美学准则，运用高科技技术手段和新思维方法解决当今建筑领域问题，满足人们日益增长的物质和精神方面的需求。

3.5 "休闲驿站——茶室"设计方案构思的美学规律分析与运用

1）以团队形式搜集建筑方案设计资料，每个团队成员提交经典"休闲驿站——茶室"设计方案速写。

2）结合"休闲驿站——茶室"设计方案，运用建筑美学规律分析建筑速写选取建筑案例的形式美。提交建筑分析报告。

3）依据分析报告构思"休闲驿站——茶室"建筑设计方案。

4）提交建筑方案设计构思报告，进行建筑构思汇报，相互借鉴学习。

5）制定建筑设计方案绘图工作计划，明确工作重点、难点、问题解决方法。

6）绘制"休闲驿站——茶室"设计方案构思草图。

PART 4
建筑设计创意构思
的内在特征

地下层平面意示

前段平面图

二层平面意

四层平面意

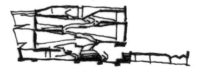

南向立面图

荷兰·惠灵顿国家博物馆

· 博物馆内翼是车空中，前期外
通道放空间，段后部城三面
空场跟相行坡

· 全内屋空观坡道 地段从起根
坡坡下，人如同屋心，观的文化
展览一部分

荷兰·惠灵顿国家博物馆
"坡韵"创意与阐释
cma
2010.3.7

建筑创作是以建筑设计立意、构思为基础的。立意是目标思维，立意是建筑的灵魂；构思是手段思维，构思是立意的展开。在西方欧美发达国家将建筑设计构思称为建筑"IDEAS"，建筑大师小沙里宁（Eero Saarinen）就曾说过：任何建筑的"IDEAS"都是它自身特征的体现，同其他门类艺术一样，是由建筑师强烈的意念所支配，构成建筑的其他要素都是对"IDEAS"起陪衬作用，用以烘托建筑"IDEAS"。

建筑设计构思的内在特征可概括为以下几个方面。

4.1 模拟创意构思

模拟创意构思（analogies）是借助模拟某一建筑或事物的联想，发展自己的创意构思，新的建筑思潮和形式都是由传统和经验发展、演变而来的，从不排斥借鉴他人作品，从中得到启发和收获。模拟创意构思是传统和经验的演构，目前多数建筑创作亦都如此。

建筑师经常采用模拟创意进行建筑构思。如图4-1所示，建筑为佛教领袖弘一法师纪念馆，建筑构思来源于圣洁的荷花，由此使人联想到弘一法师李叔同毕生所追求的目标，并以此演化为建筑，表达对大师的怀念。建筑选址于水岸，建筑造型与环境完美融合。

如图4-2所示，建筑为一栋私家别墅，主人留学英国，偏爱英法住宅，回国后，仍对第二故乡有着怀念之情。为表达业主情感，寻找昔日的影姿，别墅仿英法住宅建筑风格，以满足业主怀旧的愿望。

图4-1

图4-2

4.2 隐喻创意构思

隐喻创意构思 (metaphors and similes) 是隐喻建筑或某些事物的局部特征或某些情景，揭示情景、事物内涵，唤起人们对事物所包含的文化特征、精神实质的联想，展开建筑构思，指导建筑创作，赋予建筑人性化的特征，建筑有血、有肉、有灵魂。在设计手法上，例如用山花上的半圆窗表达对西方传统民居建筑文化的联想；利用对绘画式的古典、传统柱式格构的借鉴，再现传统建筑的立面特征，构成建筑情景，传递对传统建筑的记忆和故乡的思念。现代银行的立面特征多采用这样手法。

建筑大师贝律明在设计苏州博物馆时，采用建筑饰面分隔、建筑开窗处理、建筑庭院空间艺术处理隐喻的创意构思，表达对中国江南传统建筑的思念，延续、重现、发扬传统文化，如图 4-3 所示。

图 4-3

某建筑如图 4-4 所示，建筑师运用中国大红门的建筑要素——色彩、门楣、纹理，表达对民族建筑的留恋，再现民族文化，体现对民族文化的传承。

图 4-4

建筑师莫尔设计的新奥尔良意大利广场（Plazza de Italia）混杂着意大利各种风格的建筑片段，表达出意大利移民对家乡的悠悠情怀，如图 4-5 所示。

图 4-5

建筑大师文丘里设计的母亲住宅，采用建筑坡屋面切割断裂、建筑入口处采用弧形现角以及建筑高耸的烟窗等设计手法，进行隐喻的创意构思，进一步表达思念家乡的印记。走近建筑，人们仿佛回到了家乡，如图 4-6 所示。

图 4-6

隐喻创意构思是"后现代"派建筑师所常用的手法，谈到"隐喻"不能不提及"后现代"或"现代主义之后"的建筑特征。提及"后现代"建筑特征，是因为"后现代"建筑在隐喻创意构思中表现突出。"后现代"建筑在理念上强调的是建筑和历史、周围环境的关系，设计手法上注意装饰的象征意义，注意建筑的外在形象在公众眼中以及心理上产生的效果，追求建筑具有隐喻性，表达建筑故事情景的某一局部，缺少对建筑的综合表达。所以"后现代"建筑是不能涵盖隐喻的建筑创意构思的全部特征的。

图 4-7

有人曾经建议把"Post-Modernism"译成"现代派之后"，更能符合"后现代"这个概念的原意。"后现代"派建筑师的主要思路是反对以功能出发的简化，反对他们认为的建筑冷冰冰、缺乏人性的理性，最终反对的就是简单的工业化。斯特恩曾经用"文脉主义"（contextualism）、"引喻主义"（allusionism）、"装饰主义"（ornamentation）来概括后现代建筑，也可以说，这些是后现代建筑运用的主要设计技巧，来表达建筑的内在构思特征。

如图4-7、图4-8所示，建筑外立面墙体、阳台形象引用传统屋面构件，戏剧化再现中国传统民居"四合院"，借隐喻，延续传统建筑文化脉络。

图 4-8

4.3 揭示建筑类型功能本质的创意构思

揭示建筑类型功能本质的创意构思（essences）是从建筑类型出发，在功能或功能表达的内涵、建筑形式等方面，展开设计创意构思，体现建筑类型的功能的本质特征。

1. 使用功能

20世纪80年代，风靡一时的波特曼—共享空间式的旅馆，建筑围绕中央布置客房，建筑中央是几层竖向相连的大厅，大厅的空间布置大多是将室外景观引入其中，迎合顾客需要一个开放的、自然的公共交往场所的心理需求。这种布置形式从建筑功能角度出发，反映类型建筑功能本质特征，如图4-9、图4-10所示。

2. 造型功能

建筑大师小沙里宁（Eero Saarinen）设计的美国TWA航空港如图4-11所示。其具有仿生建筑的特征，内部外部空间运用曲线展示建筑的流动的动态美。建筑创作构思从航空建筑特征出发，建筑造型如同一只欲飞的鸟。

图 4-9

图 4-10

图 4-11

　　建筑大师扎哈·哈迪德设计的北京新航站楼的设计构思是按照"中华龙鸟"的建筑创意展开的。如图4-12所示，其再现了中华古老传说的故事，体现了建筑的地域特征，反映了建筑航空港的功能主题。

图 4-12 ➡

天津邮轮港如图 4-13 所示。建筑师从建筑创意理性精神表达事物——"飘带"出发，建筑形态如同"纽带"交织组成的"船"。友谊之船将天津与世界连接起来，架起友谊的桥梁，赋予建筑内涵、生命，寄托着愿望与期待，实现建筑造型、功能、精神需求的完整统一。建筑创意同时兼有模拟创意构思的特征。

图 4-13

4.4 运用高科技直接解决功能需求的创意构思

运用高科技直接解决功能需求的创意构思（direct responses and problem solving），即运用高科技直接解决功能需求进行建筑构思、创作。建筑因需要而存在，运用新思想、新技术解决建筑问题，高效能满足使用要求，这种思潮常被人称为"高技派"。随着建筑节能、环保、安全舒适、可再生等新科技的发展，在建筑领域的运用和推广，实现了建筑的低能耗、资源的有效利用，达到了建筑发展控制与优化，体现了建筑的可持续发展战略。现在又有人将它演变、延伸，称其为可持续发展的"新有机主义、绿色建筑流派"。时代的发展赋予了"高技派"新的生命，其意义更加广泛。

上海世博会阿尔萨斯馆被称为"水幕太阳能建筑"，如图 4-14 所示。建筑南立面上的水幕太阳能墙体，由计算机自动控制，可以随着室外温度和日照强度的变化自动开闭，既能遮阳降温，又能有效减少能源消耗。

图 4-14

 图 4-15

上海世博会日本国家馆如图 4-15 所示。银白色的展馆形成一个半圆型的大穹顶，宛如一座"太空堡垒"。建筑表皮设有太阳能发电装置，超轻的"膜结构"让日本国家馆成为一座会"呼吸"的展馆。日本国家馆延续了爱知世博会"与自然共生"的理念，在设计上采用了环境控制技术，使得光、水、空气等自然资源被最大限度地利用。展馆外部透光性高的双层外膜，配以内部太阳电池，可以充分获得、利用太阳能资源，展馆内使用循环呼吸孔道等建筑新技术。

法国的蓬皮杜中心如图 4-16 所示。建筑师不但最求高新技术，同时将设备和结构构件作为重要的装饰手段，建筑师相信用科技手段创造出来的建筑形式，是能够通过结构构件和设备体现出美感的。建筑师把功能性的结构、技术设备和管线外露，有时将设备、结构加以装饰，利用人们视觉疲劳产生的幻觉，将这一类构成的空间极度夸张，产生震撼人心的力量。由于它直接、高效、干练、纯粹而备受人们的欢迎。

图 4-16

4.5　沿用建筑大师的理想主义风格的建筑创意构思

许多建筑师将自己的建筑观通过实践不断总结，形成建筑理论体系和艺术风格，指导建筑创作。后来的建筑师继承和发扬了建筑大师和建筑流派的艺术风格，用于指导建筑创造，不断推陈出新，运用新技术、新手段，与时俱进地满足人类物质、精神文明需求。人们将这一类建筑创意构思称为沿用建筑大师的理想主义风格（ideals）。

4.5.1　密斯的"少就是多"、"流通空间"理论

密斯（Mies van der rohe）的建筑思想是从实践与体验中产生的。"少就是多"，"流通空间"，让人们从纷繁复杂的装饰建筑中解脱出来。

"少就是多"，"少"不是空白而是精简，"多"不是拥挤而是完美。"少就是多"，可以很轻易地从几千年的中国传统美学中品味出来。国画大师最有意境的东西往往不是涂满笔墨的画卷，而是一大片留白之中醒目的几笔。密斯的建筑艺术依赖于结构，但不受结构限制，它从结构中产生，反过来又要求精心制作结构。他的设计作品中各个细部精简到不可精简的绝对境界，不少作品结构几乎完全暴露，但是它们高贵、雅致，已使结构本身升华为建筑艺术。

"流通空间"在 20 世纪初应当属于创造性的突破。开创了完全与以往的封闭或开敞空间所不同的，流动的、贯通的、隔而不离的空间，开创了另一种建筑空间概念。在古老的东方，文人和工匠早已知道并精通了流动空间这一概念。而著名的《园冶》对"流通空间"有着理论化的论述，苏州园林"步易景移"、"虚实互生"、"咫尺天涯"、"山穷水尽疑无路，柳暗花明又一村"的造园艺术处理，就是中国文人对"流通空间"出神入化的理解与应用。

图 4-17

巴塞罗那的德国馆是典型的"少就是多"的建筑实践，如图 4-17 所示。建筑内外空间流畅，没有多余的装饰，没有无中生有的变化，没有奇形怪状的摆设品，只有轻灵通透的建筑本身和连续流通的空间。

"流通空间"具有代表性的建筑——西格姆大厦（图 4-18），体现了建筑师一贯的主张，用简化的结构体系、精简的结构构件，表现"流通空间"的含义，使建筑产生没有屏障、可供自由划分的大空间，通过对钢框架结构和玻璃在建筑中的应用和探索，形成了具有古典均衡和现代简洁融合的风格。其作品特点是整洁和骨架露明的外观、灵活多变的流动空间以及简练而制作精致的细部。

密斯也在新世纪的建筑实践中实践着自己的建筑哲学。20 世纪风靡世界的"玻璃盒子"源于密斯的理念。密斯对于玻璃与钢在建筑中的使用和研究终极一生，建筑创作中着力体现"少就是多"、"流通空间"的理论，推动现代建筑的发展。

4.5.2 莱特的"有机建筑"理论

弗兰克·劳埃德·莱特（Frank Lloyd Wright，1869~1959 年，美国人）并不十分排斥装饰，但强调建筑的整体效果必须和环境相协调。

图 4-18

　　莱特建筑大师的代表作——芝加哥郊区的草原住宅（Prairie House）如图 4-19 所示。该建筑建于 1907 年，是莱特从"芝加哥学派"的沙利文的事务所中走出来之后，来到美国西部，感悟了美国的自然环境，潜心创作而成。该建筑为了融合平原的自然景观，配合、使用了水平的大屋檐和花台，并强调了空间的开阔感。建筑与平原环境融为一体，建筑相比以前建筑简约现代，但莱特不认为自己是现代派建筑师，称自己是"有机建筑"（organic architecture）的设计师。

　　图 4-20 为莱特建筑大师的又一代表作——日本东京帝国饭店（Imperial Hotel）。该建筑建于 1922 年，整体建筑风格融合了西方和东方的特色。该建筑的关键特征是，在建筑技术的使用上，表达了对自然环境的尊重，体现了建筑与环境的有机和谐。

　　在地质研究尚不发达的时期，莱特在建筑整体设计中发明了许多减少地震损失的办法，如管线深埋、悬臂结构、铜制屋顶等。减震措施在 1923 年的关西大地震中得到充分验证。地震中，周围的房屋尽毁，而这座建筑丝毫未损。

　　在日本，莱特的有机建筑体现的对环境的理解与尊重的建筑思想，影响极为深远。他的建筑思想和建筑设计作品引发了日本人对建筑设计的兴趣。在 20 世纪 20 年代末，日本有了第一批学建筑的留学生，其中产生了一批世界著名建筑师，为日本建筑和世界建筑做出了杰出贡献。

图 4-19

图 4-20

二战之前赖特最著名的设计是匹茨堡附近的 Kaufmann 住宅（Kaufmann House on Waterfall），如图 4-21 所示。该建筑建于 1936 年，人们称其为"流水别墅"，是无可争议的经典建筑之一。

整个建筑坐落在一条错落有致的小溪上，虽然外表似乎是由大块的简单几何体无意间堆积起来的，但其空间构成别致地和小溪的动势结为一体，加上刻意挑选的建筑材料的合理使用，使整个建筑和环境完美地结合在一起。

图 4-21

如图 4-22 所示，该建筑建于 1938 年，位于亚利桑那州，是莱特自己的住宅兼设计室。建筑功能布局灵活多变，没有固定位置的地方，很多部件可以拆卸或重新组装，适宜工作使用的灵活性，体现建筑的可持续性和生命力。建筑布局结合地形地貌，使建筑内部空间充满着回旋和转折，建筑的整体外部空间效果又和周围的沙漠环境协调一致。

图 4-22

4.5.3　勒·柯布西耶的"走向新建筑"理论

勒·柯布西耶（Le Corbusier，1886~1965 年，瑞士出生的法国人）于 1923 年出版了《走向新建筑》。这本书是现代建筑问世的一个宣言。他认为：以往的建筑样式都是虚构的；提出新建筑需要革命，提倡建筑新技术的推广运用；主张建筑需要用简单的线、面、块来大规模生产建设房屋，用以满足高效的现代社会人类的需求；新建筑需要造型艺术。

勒·柯布西耶的"走向新建筑"理论，在著名的建筑——萨沃伊别墅（Villa Savoy）的建筑创作中得到了充分体现，如图 4-23 所示。该建筑建于 1930 年，是由简单的几何形体构

图 4-23

成的居住建筑。通过该建筑的创作实践，勒·柯布西耶提出了新建筑的五个特点：第一，底层的独立支柱，房间的主要部分都放在二层；第二，屋顶花园；第三，不承重的自由平面；第四，横向长窗；第五，不承重的自由立面。这些都是建筑技术的进步、框架结构的出现，才得以实现的。建筑新技术给建筑带来新造型、新表情。

萨沃伊别墅外表简单，内部空间却复杂多变。内部空间采用了当时不多见的旋转式楼梯，而且上下两层之间的交通连接主要靠平滑的斜坡道而不是楼梯，这样两层可以自然上下，增加了建筑内部空间的连续性、通透性。

　　勒·柯布西耶的"走向新建筑"理论，也体现在马赛公寓的建筑创作中，如图 4-24 所示。该建筑建于 1946 年，建筑的出发点是为了解决当时住宅紧缺问题，柯布西耶把这个可以容纳 1600 人的大楼设计成了一个自给自足的住宅单位，里面有商店、面包房、幼儿园、电影院等。房型有 23 种之多，可供各种类型的家庭入住。按他的设想，这种大楼就是未来城市的"居住单位"（Le Unite de Habitation），人类消除差别，平等、和谐地生活在这样的"居住单位"里。

图 4-24

柯布西耶的"走向新建筑"理论，提倡新建筑需要造型艺术，这一观点在他所设计的经典建筑——法国朗香教堂（La Chapelle de Ronchamp）得到了充分体现，如图 4-25 所示。该建筑建于 1953 年，整个建筑的外形几乎没有一处是直线，给人的感觉就像是一幅抽象画。据柯布西耶自己所说，这座教堂是一个"听觉器官"，是聆听上帝教诲的场所，是无法完全解释的全新造型风格。这和他以前崇尚简单几何体的风格，完全是背道而驰的决裂，也可以说是一种进步。

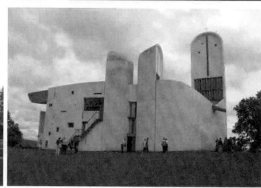

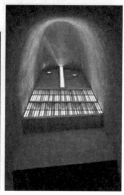

图 4-25

勒·柯布西耶的"走向新建筑"理论不仅体现在单体建筑上面，在城市规划方面也得到了部分展现。在 20 世纪 50 年代初印度的昌迪加尔城（Chandigarh）的规划设计中，体现了他对未来城市的想法。柯布西耶为这座城市规划并设计了几幢主要的行政大楼。为了解决当地气候干热的问题，他在屋顶大量使用了混凝土预制板构架，使建筑既能遮阳，又能保证穿堂风吹过，起到通风效果。建筑之间的距离设计得很大，使建筑拥有良好的自然通风。

勒·柯布西耶在昌迪加尔城的单体建筑设计中，使用了表面未经处理的混凝土预制板，给人一种建筑尚未完工的感觉。图 4-26 是勒·柯布西耶为昌迪加尔城设计的法院。该建筑各构件之间大多直接相连，好像撞在一起似的，没有过渡，显得十分出人意料。这些粗犷的设计思想，后人称之为"粗野主义"（brutalism）。对这一建筑的争论，引发了后现代建筑思潮之一的"粗野主义"设计倾向的产生。

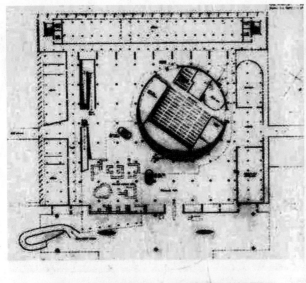

图 4-26

4.5.4 格罗皮乌斯的"功能主义"

沃尔特·格罗皮乌斯（Walter Gropius，1883~1969年，德国人）创办了世界建筑业著名的德国Dessau的包豪斯学校。格罗皮乌斯在"德意志制造联盟"继承了简单化和实用化的建筑风格。格罗皮乌斯的"功能主义"建筑体现在建筑构图上的简单灵活、建筑功能布局的实用、建筑材料便于大批量生产。

格罗皮乌斯的"功能主义"建筑风格，也被称为"理性主义"建筑风格。在最有代表性的建筑——德国Dessau的包豪斯新校舍（图4-27）中，他提出了"功能主义"建筑。他认为：建筑要具有从内向外设计的思想，即先确定各部分的功能，再确定相互之间的关系和联系，最后确定整体的外观，按功能要求布置建筑入口，体现了建筑的实用性。在建筑立面构图上，他大量使用不对称构图。建筑各部分造型之间高低错落，摒弃使用任何装饰，自然具有一种和谐的外貌。由于建筑大量使用了钢筋混凝土和工业化批量生产工艺，建筑造价异常经济。

格罗皮乌斯任美国哈佛大学建筑系主任后，和他的7个哈佛得意门生一起组成了名噪一时的"协和建筑师事务所"，设计思想延续了原来包豪斯校舍的建筑思想，在建筑功能体现的建筑性格以及建筑和环境的协调方面做了很多的尝试和创新。如哈佛大学研究生中心（Harvard Gradute Center）如图4-28所示。这栋建筑建于1950年，建筑内部外部空间的创作，就是上述思想的体现，简练的建筑与周边建筑特征相适应，也体现了现代建筑的时代特征。

图 4-27

图 4-28

包豪斯学校的学生马塞尔·布劳耶（Marcel Breuer）继承了要从内向外设计的建筑"功能主义"理论思想，他设计的 IBM 法国研究中心（IBM Research Centre in France）如图 4-29 所示。该建筑建于 1962 年，该建筑的建筑风格是格罗皮乌斯"功能主义"风格的继承和延续。建筑实用、简约。底部混凝土柱形成树形支架是建筑唯一的装饰构件。

图 4-29

4.5.5 黑川纪章的"灰空间"理论

黑川纪章的建筑设计思想是将技术的方法与富有哲理的思想联系起来。他认为将日本传统文明和现代文明相结合，是一条颇有前途的建筑创作道路。他认为日本文化的特性具有"非恒久性"、"自我需要的改变性"和"吸纳能力"的特性。于是黑川纪章将不同文化及意念整合为一种共生的关系，在相反的两元素之间，提供一种中介性空间，称为"灰空间"。"灰空间"的引入与吸纳使建筑各要素从对立走向统一和共生。

"灰空间"的建筑概念包含两方面的含义：

一方面指色彩。他提倡使用日本茶道创始人"千利休"阐述的"利休灰"思想，以红、蓝、黄、绿、白混合出的不同倾向的灰色来装饰建筑，表达建筑内在情感。如图 4-30 所示，建筑大胆使用了蓝灰色、灰褐色，在光影作用下，神妙变幻，天地融合，给人无穷想象。

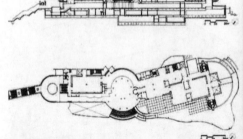

图 4-30

　　另一方面"灰空间"是指介乎于室内外、室内空间相互间的过渡空间。在建筑作品中，他大量采用庭院、过廊等过渡空间，并放在重要位置上，通过"灰空间"的介入，建筑和环境融合。

　　某建筑的建筑师在建筑入口处设置下沉庭院空间，如图 4-31 所示，下沉庭院空间的设计引入，实现了建筑室外空间与室内空间的过渡；建筑围护墙体设计玻璃曲墙，室外环境导入室内空间，室内外空间融合、共生、统一起来；格构通廊入口处的引导，丰富了建筑空间，通廊格构使建筑表面产生或明或暗的光影变幻，增强了建筑的艺术感染力，表达了"灰空间"的建筑思想。

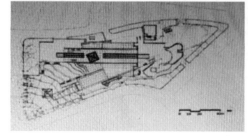 

图 4-31

4.6　不同建筑流派艺术风格的内在特征及其建筑创意构思

　　工业革命、科学技术的进步、民族文化的继承，促使建筑师开始对建筑创作进行反思。在建筑创作的反思中，"标新立异"的创作思想渗入到建筑界，促使建筑师的建筑创作思想和技巧显现出了多样和分化的现象，建筑师发扬个性，涌现出了诸多的建筑流派，繁荣着当今的建筑创作。

　　建筑的发展是复杂而曲折的，过去是这样，将来也会如此。当今世界的发展趋势是经济国际化、乡村城市化。社会迎来了第三次科技革命。在这种社会变革的背景下，建筑科学技术的发展会给建筑创作带来全新的发展。了解建筑流派的艺术风格特征，开拓设计思路，寻求全新的建筑创作思想，指导建筑创作，是今天建筑师不懈追求的目标。

图 4-32

4.6.1 构成主义流派

1. 构成主义流派的由来

构成主义流派（constructivism）兴起于俄国的艺术运动，开始于 1917 年，持续到 1922 年。十月革命为俄国引进了根基于工业化的新秩序，是对于旧秩序的终结。十月革命之后，对于激进的俄国艺术家而言，社会大环境为构成主义在艺术、建筑学和设计领域提供了更多的实践机会。1913 年，塔特林在莫斯科制作并展出了构成作品《悬挂的木与铁的形体》，同时提出了"构成主义"一词，构成主义流派随即出现，如图 4-32 所示。

2. 构成主义艺术风格特征

构成主义艺术在精神上饱含着激进的性格和构建新社会的文化意识，在形式上展现工业技术所带来的视觉冲击，如火车、汽车、飞机、钢铁、电话等现代产品所带来的速度、声音、能量、质感、强度、运动等现代感官经验，讴歌工业文明，崇拜机械结构中的构成方式和现代工业材料，并力图广泛运用于造型艺术、建筑工程、视觉设计、戏剧影像艺术等众多公共艺术领域之中。在构成主义的理想中，艺术创作和设计工作被视为工业化的生产，他们利用新材料和新技术进行理性表达，以表现事物的结构为创作的最后终结。

构成主义的目的是改变旧的社会意识，提倡用新的观念去理解艺术工作。新观念体现在对造型艺术的词汇和构成手法的再定义。用新的观念理解艺术在社会中所扮演的角色，提倡设计为社会服务，为人们创造一种新的生活方式。构成主义在设计技巧方面包含了对事物的结构、体积及事物各部分体积的构成和事物空间的轮廓；注重事物空间的尺度、比例及事物空间模块和空间节奏的表达。构成主义重视设计艺术的体现、设计材料的运用、设计材质的色彩等方面的表达，注重体现事物机能的表达。透过事物机能的表达，设计师为社会传达出新理念、新生活方式。

构成主义在二维艺术的创作中，倡导者马列维奇把单纯的几何形进行各种组合，虽然色调单一，却传达了一种动力感和空间感。马列维奇运用富于动态的斜方组合，把画面安排得紧张和复杂，几何构成表现了情感的波动，如图 4-33 所示。

图 4-33

马列维奇的学生李西茨基（FLLissitzky）强调抽象形式与社会应用的结合，把几何造形、照片和字体以一种前卫的方式组合起来，从中可以看到"现代"构成主义的设计特点。如电影《战舰波将金号》海报设计背景由抽象的线条构成，主体——呐喊的水手，将几何造形、照片和字体设计元素有机地结合起来。李西茨基把照相技术引入平面设计，制作成照相蒙太奇的效果，体现了构成主义所推崇的机械韵律感。

构成主义在空间设计中，把结构当成设计的起点，以此作为建筑表现的中心，这个立场成为后来现代主义建筑的基本原则。

3. 构成主义代表人物

1）塔特林 (Tatlin) 是构成主义的奠基人，他把各种材料在一系列几何造形的基础上做了研究，认为材料和材料的有机组合是一切设计造型的基础。塔特林认为构成即组织，主题即创意，进而以工艺和技能明确构成主义的含义。

塔特林在 1919 年创作第三国际纪念碑，如图 4-34 所示。400多米高的碑身矗立在莫斯科广场，比艾菲尔铁塔高出一半。该碑既作为综合艺术的统一体，又具有实用性。该碑包含国际会议中心、无线电台、通信中心等使用功能。它是集雕塑、建筑与工程于一身的抽象构成作品，体现了构成主义关于空间、时间、运动和光的宏伟构想和内在特征。

塔特林展示的构成主义对材料和机械结构的特质有着深入的思考和理解，他用立方体、圆柱体构成宏伟的结构主义建筑，既表现了工业时代特有的冷漠，又体现出在纷繁复杂的大自然面前"机器静止，万物沉默"的深刻反思。

2）维斯宁兄弟是构成主义建筑派的代表人物，对苏联建筑的现代化起了积极作用，他们同欧洲的现代主义建筑师相互影响，繁荣着建筑创作。维斯宁兄弟提倡运用"功能方法"进行建筑设计，来体现"新生活"。建筑设计的"功能方法"，即把目的、手段和建筑形象统一起来，把内容和形式统一起来，不使它们互相矛盾的方法。所谓内容，就是指建筑物所包含的功能、运营过程和建筑所表达的思想、感情的总和。所谓新生活，就是具有时代特征的社会生活。新生活要求新的造型，这种造型只能求助于新材料和新技术。

图 4-34

1925～1930 年，A.A. 维斯宁领导构成主义建筑师，创建了"现代建筑师联盟"。"现代建筑师联盟"主张用现代的物质和技术手段，解决现代生活对建筑提出来的功能要求和经济要求，主张用工业化的方法进行大规模的房屋建造。

维斯宁兄弟领导的"现代建筑师联盟"在 1923 年设计的莫斯科劳动宫是构成主义建筑早期的代表作，这一建筑就是按照功能安排内部空间，而外部形体则是内部空间的直接表现，完全摆脱了传统的建筑构图。利用框架结构体系所提供的空间开敞性，将内部空间设计得开畅流动，大小两个观众厅之间用活动隔断，可分可合。

4.6.2 荷兰风格派

荷兰风格派与构成主义流派有着相似的主张。荷兰"风格派"联盟是荷兰的一些画家、设计家、建筑师在 1917~1928 年组织起来的一个松散的集体，其中主要的促进者及组织者是杜斯柏格（1553~1931年）。杜斯柏格在 1917~1928 年创办《风格》(De Stijil) 杂志，表达"风格派"的艺术思想。

荷兰风格派的艺术家和设计师，从荷兰的文化传统本身寻找参考，发展自己的新艺术。他们从荷兰这个工业国家的文化、审美观念、艺术设计特征等方面进行研究，深入探索和分析，从中找寻自己所感兴趣的内容进行艺术创作。

1. 荷兰"风格派"的美学内涵和艺术特征

1）荷兰风格派把传统的建筑、家具、产品设计、绘画、雕塑所包含的艺术特征完全剥除，变成最基本的几何结构单体或者称为"元素"后，进行全新的构成创作。

2）荷兰风格派把简单的几何结构单体或称"元素"进行构成组合，形成简单的结构组合体，在新的结构组合体当中，荷兰风格派崇尚构成的几何结构单体或称"元素"的相对独立性和鲜明的可视性。

3）荷兰风格派善于对非对称性设计技巧进行深入研究，并运用到自身的艺术创作中。

4）荷兰风格派善于反复运用纵横几何结构及基本原色和中性色来表达自己的艺术主张和风格特征。

以上几个基本原则虽然非常鲜明，但是荷兰"风格派"是一个松散的集体，部分成员没有完全依照统一的原则进行创作，仍然坚持自己的主张。例如在色彩上，不少成员依然采用传统的调和色彩，而不仅仅局限于基本原色的原则。

2. 荷兰风格派的社会含义

荷兰风格派除了具有单纯的美学内涵和艺术内涵以外，如同德国的"包豪斯"设计流派一样，还有一定的社会含义，归纳起来可以总结出以下几个方面：

1）荷兰风格派坚持艺术、建筑、工业设计的社会作用。

2）荷兰风格派在普遍性和特殊性、集体与个人之间，寻求一种平衡。

3）荷兰风格派改变了艺术作品的机械主义，树立新技术风格，使其艺术作品中含有一种浪漫的、理想主义的乌托邦精神。

4）荷兰风格派坚信艺术与设计具有改变社会未来的力量，具有改变和丰富人类生活方式的作用。

3. 荷兰风格派代表作品

荷兰风格派创作的作品具有明确的艺术性与设计目的性，努力把设计、艺术、建筑、雕塑等艺术手段加以统一运用，使艺术作品成为一个有机的整体，强调艺术家、设计师、建筑家的集体创作，强调在集体创作基础上的个性表达，强调集体和个人之间的和谐再现。荷兰风格派流传甚广，影响了全世界的艺术与设计领域，代表作品有：

1）里特维特的红蓝椅子（图4-35）和什罗德房子（图4-36）。

图4-35

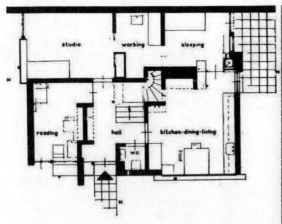

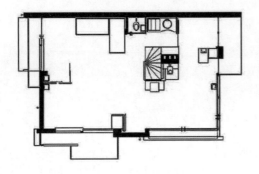
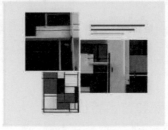

图4-36

图 4-37

在 1918 年以前家具都是没有颜色的。在此期间，里特维特设计了很多不同色彩的家具，其中有不少是单色的，或者就是木材的原色。他一直进行反复试验，始终没有设想过应该有一个固定的设计风格或者色彩特点。1919年，当里特维特与"风格派"接触以后，才从 1923 年开始给家具加上色彩，体现了"风格派"运用基本原色和中性色来表达自己的艺术主张和风格的艺术内涵特征。

什罗德房子建筑立面表情体现了"风格派"艺术内涵特征，采用非对称式划分，改变了建筑作品的机械主义，树立新技术风格，使建筑含有一种浪漫的、理想主义的精神，建筑色彩采用基本原色和中性色来表达自己的艺术主张和风格。

2）蒙德里安于 20 世纪 20 年代画的非对称式的绘画（图 4-37）。

从艺术进步的角度讲，任何风格都没有一个统一的、一成不变的"风格派"。荷兰风格派同样是变化的、进步的，它的精神是改革和开拓，它的目的是未来，它的宗旨是为艺术创作的集体与个人、时代与传统、统一与分散、机械与唯美的和谐统一而努力。这幅非对称式的绘画，反复运用纵横几何结构，体现了荷兰风格派善于反复的艺术内涵。

4.6.3　后现代主义建筑流派

后现代主义是 20 世纪 60 年代兴起的，也许称之为"现代主义之后"更为恰当。它是对许多建筑运动的统称，这些新流派没有共同的风格，也没有团结一致的思想信念，但它们满怀着批判现代主义的热情和希冀，共同相约在"后现代主义"的旗帜下。代表人物有文丘里、格雷夫斯、约翰逊、波菲尔、霍莱茵、矶崎新、摩尔。

1. 后现代主义思潮的建筑美学观

后现代主义思潮具有玩世不恭的创作态度、复古主义倾向、装饰的倾向、重视地方特色和文脉的倾向、国际化的倾向，通过这些倾向可以窥视到后现代主义思潮所带来的建筑美学观的变化及其内在特征。后现代主义思潮内在特征具体体现在以下四个方面。

1）后现代主义思潮是对长期以来的和谐美学观念及美学规律的叛逆和超越。表现在建筑上，后现代主义思潮揭示建筑的复杂性和矛盾性，关注建筑的丰富多义性的内涵，提出建筑的反和谐美学观的意义，对传统的、继承的、西方建筑界信奉的建筑的美在于"建筑形式要素的和谐统一"的观点，开始了深刻的质疑。后现代主义建筑的代言人詹克斯在阐释其建筑主张时，借用了许多属于语言学或与语言学相近的术语来诠释建筑作品，他把建筑理解为一种"语言"，他不满足于传统建筑美学规律诸如"统一"、"均衡"、"比例"、"尺度"、"韵律"、"色彩"等，他认为：传统的建筑美学规律用来描述建筑美的那些通用术语太贫乏了，以致无法用来表述建筑的现代主义及当代的新发展，无法区别"晚期现代主义"风格和"后现代主义"形式各异的风貌。

2）后现代主义思潮着重研究传统规范模式的发展和变化。后现代主义思潮改变了以往注重于探讨建筑艺术与其他艺术共性的研究模式，努力找寻建筑艺术的差异性和个性特征。

3）后现代主义思潮在建筑美学方面，扩大和深化了研究的视野和范围。此前，西方建筑美学往往以建筑单体的形式关系和形式特征作为研究对象，在功能主义思想的影响下，更多地偏注于建筑的实用功能和形式表现的技术个性，较少注意到建筑与环境、建筑与文化，以及建筑群体之间的关系，而后现代主义思潮则标举"文脉主义"、"隐喻主义"、"装饰主义"，开始综合建筑的时代性、地域性和文化性，并进行建筑审美欣赏和艺术评价。

4）后现代主义思潮更多地探讨建筑美的模糊性、复杂性和不确定性问题，从而与以往那种追求建筑美感的明晰性和确定性形成强烈反差和鲜明对比，给今天的建筑美学理论研究提供了很多启迪和借鉴。

2. 后现代主义思潮的建筑案例

虽然西方建筑杂志在 20 世纪 70 年代大肆宣传后现代主义的建筑作品，但堪称有代表性的后现代主义建筑，无论在欧洲还是在美国仍然为数寥寥。

美国建筑师史密斯被认为是美国后现代主义建筑师中的佼佼者。他设计的塔斯坎和劳伦仙住宅包括两幢小住宅，一幢采用西班牙式，另一幢部分采用古典形式，即在门面上不对称地贴附三根橘黄色的古典柱式，体现了后现代主义建筑的自由化、装饰性特点。古典柱式的装饰表达了对建筑历史文脉的延续和继承。

1976年，在美国俄亥俄州建成的奥柏林学院爱伦美术馆扩建部分与旧馆相连，墙面的颜色、图案与原有建筑有所呼应。在一处转角上，孤立地安置着一根木制的、变了形的爱奥尼式柱子，短粗矮胖，滑稽可笑，得到一个绰号"米老鼠爱奥尼"。这一处理体现着文丘里提倡的手法：它是一个片段、一种装饰、一个象征，也是"通过非传统的方式组合传统部件"的例子。

美国电话电报大楼是1984年落成的，建筑师为约翰逊。该建筑坐落在纽约市曼哈顿区繁华的麦迪逊大道。约翰逊把这座高层大楼的外表做成石头建筑的模样。楼的底部有高大的贴石柱廊，正中一个圆拱门高33m；楼的顶部做成有圆形凹口的山墙，有人形容这个屋顶从远处看去像老式木座钟。约翰逊解释他是有意继承19世纪末和20世纪初纽约老式摩天楼的样式，具有"复古主义"设计倾向，如图4-38所示。

图4-38

美国波特兰市政大楼如图4-39所示。建筑呈方形造型，立面采用古典三段式划分，正面上方呈暗红色的倒梯形墙面寓意着古典建筑中常见的拱心石，下部设置了两根带凹槽的巨柱，巨柱各自支撑着一个拱心石，底部三层具有装饰色彩的底座。整个建筑具有"象征主义"、"隐喻主义"、"复古主义"的设计倾向，表达建筑历史风格的脉络和对建筑文化历史的延续，体现了对西方古典建筑的悠悠思念之情。

4.6.4　解构主义建筑流派

解构主义是20世纪80年代中期产生的一个全新的建筑流派，以哲学家德里达提出的解构主义哲学为理论依据。

图4-39

雅克·德里达是20世纪下半期最重要的法国思想家之一，是解构主义哲学的代表人，德里达的理论动摇了整个传统人文科学的基础。

1. 解构主义的含义

雅克·德里达首先提倡在文本的"能指"与"所指"之间建立非必然的联系，其目的在于突显"能指与所指"搭配的任意性和他们之间的差异性，使"所指"脱离即定"能指"的依附，从而扰乱固定、常态的结构思想，导致对恒定意义的反射、反映，带来意义的不确定性，继而反映一种"去中心、去深度"的二维思维形态。

雅克·德里达鼓励策反"文本结构"中的个体，拆解它们对"结构中心"的绝对服从，这主要是针对现代哲学中的"同一性、中心性与整体性"而言的。即对"不同文本"间的差异进行互通，采用如"并置"、"拼贴"、"杂揉"、"互涉"等方式，并随着对"外来差异"的引入与参照，对原"文本的结构中心"形成"拆解与解构"态势。

雅克·德里达的解构哲学反对文本结构的传统理解，即反对"先验性"与"意义的预知性和透支性"。由于结构具有固定性和确定性，解构往往产生不确定意义，久而久之人的头脑会由于局部结构的刺激，而映射出大致全部的意义。这些被"意义透支和预知"所笼罩的、形而上学的"先验结构"，被解构主义斥为缺乏进取的、墨守陈规的守旧根源。解构主义重视解构产生不确定意义，以此指导建筑艺术创作。

2. 解构主义哲学在建筑领域的表现

对于解构主义哲学在建筑领域的表现，人们的评价褒贬不一，建筑必然要服务于社会，而对于解构建筑的设计师也要考虑建筑的使用要求和人们审美的正面接受能力。这也是人们对于解构主义建筑众说纷纭的原因所在。

在建筑设计中不是所有的建筑功能空间都要解构。建筑功能要求严格的这部分空间往往受到建筑结构常数、空间的尺度、功能要求的制约。如小面积的住宅建筑受功能制约较多，做好不容易。而上百平米的住宅，面积大，空间处理较灵活，就有了解构主义理念发挥的余地。

图 4-40

建筑创作从技术上讲，物理、力学的规律不能违反，但是就像人们常说的"只有想不到，没有做不到"一样，只要资金充足，结构上的解构也不是不可能的。但这更多的也只是停留在结构表现形式上的解构，建筑依然延续建筑结构的受力关系。由此可见，正宗纯正的解构主义建筑少之又少，而受到沾染，有所浸润和借鉴的准解构建筑很多。

美国建筑师盖里的作品常常被认为是解构主义流派的建筑作品，如图 4-40 所示。建筑怪异得如同"金属花儿"，建筑材料选用了钛、花岗岩和玻璃，滑稽的建筑形式运用了先进的计算机三维制作程序。人们称盖里为解构主义设计大师，但他个人并不认同，他认为他的作品构思与风格大多来源于艺术领域，他把建筑看作纯艺术和雕塑品而非哲学概念的解构主义。从这个意义上说，盖里算不上是真正意义的解构主义建筑师，但他的作品所呈现出的建筑特征又与解构建筑有异曲同工之处。

总之，解构建筑虽没有明确的定义，但采用如"并置"、"拼贴"、"杂揉"、"互涉"等方式，表现出的散乱、残缺、突变、动势及奇绝等解构主义建筑形象，却有其鲜明的表现特征，如图 4-41 所示。成功的解构建筑作品也要求建筑师具有相当的功力、章法和素养，并非随便搞出的怪诞与滑稽之作。解构建筑作为一种风格，受经济、

图 4-41

功能等制约，不可能成为主流建筑，但它也不会绝然消逝，势必会融入到其他的建筑艺术流派中。

建筑大师盖里的自建住宅如图4-41所示。建筑师力图表现所追求的"残缺"建筑观念，在建筑入口设置类似临时使用的木栅栏、缺少安全感的铁皮、快要塌下的木门以及快要从屋面滚落的箱体，造成一种突变、残缺、拼贴等的艺术形象。

真正理解解构主义哲学的解构建筑师要数读过哲学家德里达的解构主义著作的艾森曼和屈米了，他们给这个世界带来了较多的建筑设计作品。

3. 解构主义哲学的建筑设计案例

1）伯纳德·屈米设计的拉维莱特公园

（1）公园地段简介

公园位于巴黎东北角，由原来供巴黎城生活的肉禽屠宰场改造而成，公园面积33hm，如图4-42~图4-44所示。在交通上以环城公路和两条地铁线与巴黎相联系。场地的北侧有已建成的高技派的科学与工业城，以及一个闪闪发光的球体环形影城。场地的西南侧是19世纪由铁和玻璃建造的音乐会堂。

图4-42

图4-43

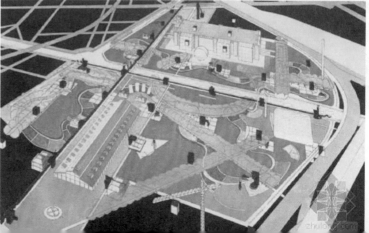

图4-44

场地园址上有两条开挖于 19 世纪初期的运河，东西向的乌尔克运河主要是为巴黎输水和排水需要修建的，它将全园一分为二，南北向的圣德尼运河是场地园址上已有的最重要的景观构成要素。运河是人、自然与技术相结合的产物，与公园解构主义建筑风格的主题十分贴切。

（2）公园规划框架

建筑创作时，不但要理解、掌握拉维莱特公园这个计划的不确定性与复杂性，还要掌握整个错综复杂的基地，建筑师在公园放进几个层层铺设的建筑系统，每个系统都在公园中扮演一定的角色，如图 4-45 所示。

在公园的总体设计上，建筑师强调了变化统一的原则。虽然各体系、各建筑要素和植物要素之间存在着很大的反差，建筑师却运用统一的建筑网络处理手法、红色的建筑色彩，将建筑各要素完全和谐地控制在场地公园"游乐亭"之下。

（3）解构主义建筑创意特征表现

拉维莱特公园的多样性、解构性，更多地体现在各个主题花园的处理上，而不是公园的整体框架上。对于拉维莱特公园的主题花园的个体设计，体现出风格迥异，毫不重复，彼此之间有很大的差异感和断裂感，如图 4-46、图 4-47 所示。

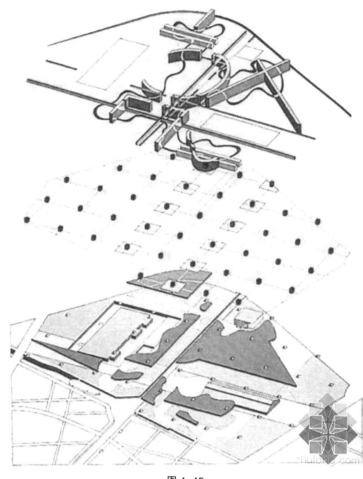

图 4-45

图 4-46

图 4-47

图 4-48

图 4-49

伯纳德·屈米在哲学家德里达提出的解构主义哲学理论指导下，充分分析了地段零乱、非统一的建筑环境，恰当运用解构主义哲学以及有关解构主义风格的建筑美学规律，创造出具有散乱、残缺、突变、动势及奇绝等形象特征，表现时代精神的拉维莱特公园。它是一个法国式的建筑作品，虽然从城市公园的角度看，拉维莱特公园是一个十分特殊的实例，但它综合反映了法国的社会状况、科技文化、哲学思潮以及公园的周围环境。它所表现的时代精神对今天的建筑创作不无启示。

2）彼得·埃森曼设计的美国俄亥俄州哥伦布会议中心

彼得·埃森曼接受了雅克·德里达解构主义哲学观点，他认为在西方文明的黎明期就已有许多"会议中心"了。这些"会议中心"都是作为人类聚会时交换财物、发表意见和交流信息的场所，通过"会议中心"场所，他们把自己的观点和民族文化延续，并推广到世界。不管是罗马式议堂、哥特式教堂，还是19世纪的市政大厅和会议厅，这些建筑有着象征性和固定的模式，具有在特定的时间与地方服务特定人物的价值观趋向。由于当今人们的价值观改变了，统治阶级管理方式改变了，聚会场所象征的建筑形式和建筑的功能意义也应跟着发生改变。

彼得·埃森曼认为，雅克·德里达解构主义哲学鼓励策反文本结构中的个体，拆解它们对结构中心的绝对服从；针对现代哲学的同一性、中心性与整体性而言，既是对不同文本间的差异进行有效的互通，如采用"并置、拼贴、杂糅、互涉"等设计手法，也是随着对外来差异的引入与参照，对原文本的结构中心形成拆解态势。

彼得·埃森曼认为，雅克·德里达解构主义哲学观点是基于传统原本结构具有固定性和确定性的，对传统原本结构解构主义的解构之后，传统原本结构往往产生类似的不确定意义，久而久之，人的头脑会由于局部结构的刺激，而映射出大致全部的意义。彼得·埃森曼重视结构所带来的不确定性，并以此来指导建筑创作。

彼得·埃森曼的哥伦布市会议中心是由很多个相互依赖、形式独立的结构组成，无论是外部装饰细节，还是室内设计，都强烈表现出精心处理出来的分离感、破碎感。如图4-48、图4-49所示，俯瞰哥伦布市会议中心仿佛是11条彼此交错相插得货运车厢。彼得·埃森曼从传统的、固定的建筑模式中解脱出来，奉献给人们一个杂糅、互涉，从传统结构拆解出来的建筑。

4.6.5 绿色生态主义流派

1. "生态、绿色主义"含义

绿色生态主义流派考虑建筑及其建筑内涵在建筑设计、建筑技术、建筑材料、建筑建造、建筑功能和建筑运营管理以及建筑拆除等建筑全寿命周期中的内容。生态、绿色建筑不仅关注建筑与人的关系，同时也关注资源消耗与资源使用效率的关系，但最为关键的是着重解决建筑与人居系统安全、和谐的共生优化关系。运用新兴的建筑科学技术，主动解决"处于十字路口的建筑"，解决在"建设可持续发展的未来建筑"过程中所面临的新问题。生态建筑师的代表人物美籍意大利建筑师保罗·索勒瑞，关于绿色生态主义建筑，提出保持和恢复生物多样性，资源消耗最小化，降低大气、土壤和水的污染，保障建筑卫生、安全、舒适，提高环境意识等五项设计所遵循的原则。建立绿色建筑职业意识，完善绿色建筑的技术能力，提高绿色建筑的社会服务水平，是建筑师面对当今社会与未来社会的必要职业规范和职业条件。

2. 生态、绿色建筑出现的时代背景

1）价值观念的转换

信息时代，人类价值观念已经从以人类为中心的价值观转向与生物共存的和谐共生，人类可持续发展的价值观，运用高科技，实现以人为本的建筑理念，进而达到人与自然的完美统一。

某建筑漂浮水面，如同片片荷叶，如图 4-50 所示，崇尚自然、回归自然的审美观念，使建筑与环境完美结合。

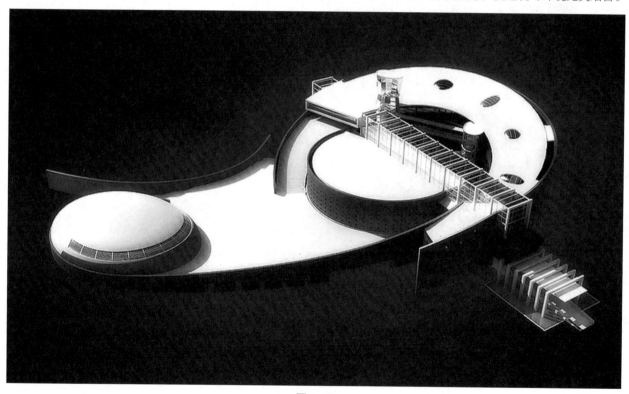

图 4-50

2）审美取向的转化

人们渐渐地具有了回归自然的自然美学和生态美学的审美取向、整体自然有机的流线型的审美取向、机能利益与感性利益两元相容的审美取向。

如图 4-51 所示，建筑造型采用流线型，外饰面仿造自然环境纹理，取得回归自然、融入自然的艺术感受。

3）高品质生活的追求与享受科技的理念

人们希望科技不只是达成目标的工具，而是一种能够观看、聆听、接触世界，满足人类物质、精神需求的手段。

图 4-51

如图 4-52 所示，建筑环境如同绿洲上的海洋，而建筑单体如同海洋上跳动的鱼儿。科技让人们感受到生活的美妙，世界的多姿多彩。

图 4-52

4）科学技术发展的促动

20 世纪 70 年代发展起来的非线性科学开创性地将人类社会与自然界的普遍规律联系起来，人们对"自组织理论、耗散结构、协同理论"，以及针对诸多事物复杂性的相关研究，突破了人类的线性思维，材料科学、建构技术为生态、绿色建筑发展提供了更加丰富的想象空间与实现的手段。科学技术的发展推动了建筑观念、建筑美学规律、建筑立意与构思的提升。

如图 4-53、图 4-54 所示，建筑扭曲变化，新兴建筑理论成果丰富了人们的想象力，建筑科技的发展、计算机数字化技术的普及运用，使人类美好的愿望化为了现实。

图 4-53

图 4-54

3. "生态、绿色主义"建筑功能系统设计

绿色建筑功能系统设计针对建筑师的思维方式和工作习惯，从绿色建筑的生态系统及子系统角度明确绿色生态建筑的功能系统。

绿色生态建筑不同功能系统的设计方法和技术手段可理解为被动的功能系统设计方法和主动的功能系统的技术手段。被动式设计方法即运用建筑与环境的和谐处理的设计技巧，达到建筑的可持续性，满足物质与精神方面的使用要求；主动式技术手段即运用技术手段，实现"以人为本"的设计理念，高效满足人类生活需求。各种方式可独立运用，也可相互结合，实现人类可持续发展的最终目的。

"生态、绿色主义"建筑功能系统设计内容包括以下几个方面。

1）注重可再生能源的利用

在建筑设计中主动运用"可再生能源利用技术"进行建筑设计。可再生能源包括太阳能、地热能、风能、生物物质能等。

（1）在太阳能的利用具体设计方法方面，建筑师多采用被动式的太阳能系统。被动式的太阳能系统是不借助机械设备和复杂的控制系统对太阳能收集、储藏和输配的系统，它与建筑是不可分割的。其系统由五个要素构成（图4-55）：采光面或收集器、热吸收装置、蓄热材料、输送系统和控制装置。

常用的采光面或收集器一般是窗户。热吸收装置是指蓄热材料的表面，一般采用深色、硬质材料。蓄热材料是指保留或储存阳光产生能量的材料，如砖石砌筑墙体、盛水的容器、相变材料等。蓄热材料常位于热吸收装置下面。输送系统是指太阳能从收集和储存处，循环到建筑不同区域的方法体系。输送系统通常利用热传输即传导和对流及辐射模式，有时也会借助风扇、导管和风机。

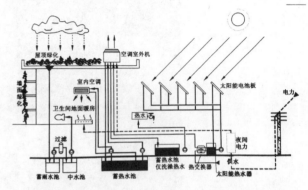

图 4-55

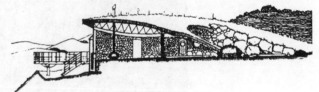

图 4-56

（2）对于地热能的利用设计方法体现在：

① 地热的直接利用，是利用地下温度稳定达到冬天保温、夏天制冷的效果。年平均气温在15~25℃的地区，地下建筑或者建筑大部分维护结构同大地相连时，就可以给建筑提供一个常年稳定的热环境，特别是在干燥的环境下，建筑设计可以考虑对地热的直接利用。对于地热的直接利用，要考虑场地的地形、土壤条件、其他环境因素、潜在的气候条件、建筑的使用功能等，如图4-56所示覆土建筑。我国西部的窑洞建筑，就是体现地热能直接利用的设计思想。

② 空气制冷，是让空气通过埋在地下的管道进入室内，使室内空气降温的方法。在干燥地区，这一方法还有加湿和利用潜热制冷的效果，如图4-57所示。

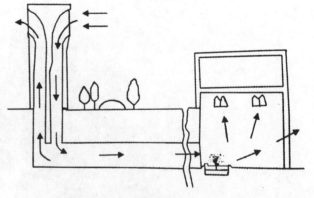

图 4-57

③ 地下蓄热，为环节一天当中的室温变化，可把白天的温暖空气输送到地下储存起来，尝试利用大地作为蓄热池，待到寒冷季节再把地下蓄热慢慢释放出来。

④ 隔热、保温，是利用土的隔热保温效果，通过堆土、覆土来调节温度变化，土上可以栽培植物，以达到更好的隔热保温效果，如图4-58所示。

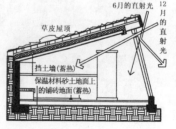

图 4-58

（3）风能是地球上重要的能源之一，对于风能的利用在设计方法上体现为风力发电和利用风能促进室内换气通风等方式。在建筑设计上，建筑师经常利用风能来促进室内换气通风。风能的利用与建筑内部平面和空间组合及建筑形态密切相关。

① 建筑与当地主导风向垂直，利用建筑迎风面与背风面空气压差使室内空气流动，改善室内热环境满足人体舒适度。对于建筑不能朝向夏季主导风向的建筑，可以通过设置捕风构件，如图 4-59 所示，获得良好的室内通风换气。

② 利用风能垂直分布的特性和空气的烟窗效应，可以使建筑内部获得竖向的通风，如图 4-60 所示，太阳辐射使气流上升，在室内形成空气流动。

③ 在建筑适当部位开设可以开闭的孔洞，设置环境绿篱、短墙，利用风压、空气热压诱导空气沿设计路径运动，如图 4-61 所示，促使室内空气循环，改善室内热环境，满足人体舒适度。

④ 建筑屋顶的空间形态也可改变风向为建筑师合理利用风能所使用，如图 4-62 所示。

（4）生物物质能是蕴藏在生物质中的能量，是绿色植物通过叶绿素将太阳能转化为化学能而储存在生物质内的能量，通常包括木材、森林废弃物、农业废弃物、水生植物、油料植物、城市和工业有机废弃物、动物粪便等。生物质的化学转化技术可根据生物能源形态分为气化、液化和固化技术。

① 生物质气化技术是一种热化学反应技术。它是通过气化装置的热化学反应，将低品质的固体生物质转化成高品质的可燃气，用于发电和集中供气。

② 生物质液化技术可分为水解液化、热解夜化、直接液化等三种方式。通过生物质液化向社会提供能源，如乙醇和生物油等燃料能源。

③ 生物质固化成型技术是将秸秆等生物质废弃物用机械加压的方法，把原来松散无形的原料压缩成一定形状、密度较大的固体燃料，用于发电。

2）注重绿色植物系统设计

绿色植物系统设计包括建筑物屋顶绿化、外墙面绿化、室内植物等系统组织设计和建筑外部环境场地植物组织设计。运用绿色植物系统改善工作生活环境。

（1）建筑外部环境场地植物组织设计

它包括植物防尘设计、植物滞尘设计、场地风环境组织、场地声环境组织、绿化遮阳、场地景观设计等方面的组织设计。

① 植物防尘设计。优先考虑种植吸收有害气体的植物种类，构建适宜的植物净化系统。通过植物对污

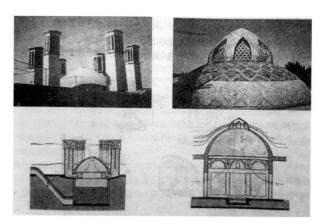

图 4-59

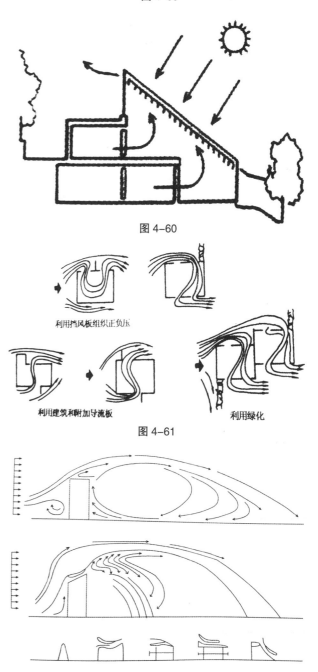

图 4-60

利用挡风板组织正负压

利用建筑和附加导流板　　利用绿化

图 4-61

图 4-62

染物的初步吸附消纳、开阔通道引导污染物扩散、配置遮挡林带，在种植高度上形成外低内高，利用气流使污染物逐渐被植物吸收、滞留、托向高空远离建筑之外。

② 植物滞尘设计。它是选用合适的植物树种，通过合理的植物树种布局和植物树种结构配置，获得滞尘效果。

③ 场地风环境组织。通过植物树种的防风和导风形成良好的空气流，帮助建筑室内通风换气，使室内具有良好的新风环境。植物树种的防风如图 4-63 所示。植物树种的导风如图 4-64 所示。

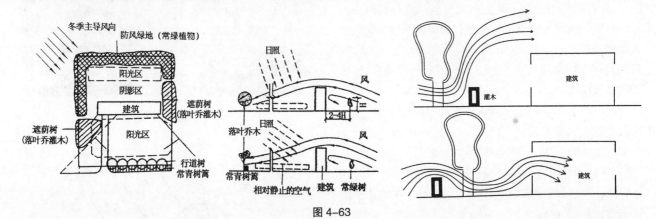

图 4-63

④ 场地声环境组织。主要是利用树木林带进行减噪，在噪声源和建筑之间根据实际情况配置长条形或环状闭合形林带，与噪声传播方向垂直，林带尽可能靠近声源，以获得良好的建筑声学环境。

⑤ 绿化遮阳。有效种植树木如乔木和藤本植物可以防止建筑西晒；停车场可以种植树木进行遮阳，发挥降温作用，减少车体暴晒。

⑥ 场地景观设计。建筑环境植物的有效配置，使建筑与环境完美统一。建筑师利用植物的色彩、花季、

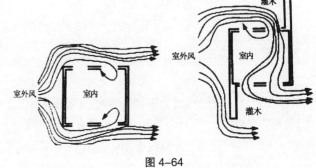

图 4-64

姿态、芳香、季相变化等为建筑环境系统提供良好的可观、可嗅的舒适感受。

（2）建筑物屋顶绿化、外墙面绿化、室内植物等系统组织设计

① 建筑物屋顶绿化具有降低城市热岛效应的作用，良好的城市屋顶绿化可以使城市夏季温度降低 1~2℃；屋顶绿化可以使雨水滞留，减轻城市下水道的负荷，缓解城市洪涝，提高水资源的利用；屋顶绿化种植植被可以有效隔热，减缓热传导，起到建筑节能效果；屋顶绿化可以吸收污染气体和吸附灰尘及减少噪声，提高环境质量；屋顶绿化改善城市生态环境，增加物种的多样性，屋面绿化可以为蜜蜂、蝴蝶提供良好栖息地，使部分鸟类有了食物来源，鸟类迁徙又可以为带来新物种提供可能；屋顶绿化可以为人们提供良好的休闲空间，丰富建筑外部空间，提升建筑品质。

② 外墙面绿化的设计方法可分为种植爬山虎、常春藤等植物的附壁式绿化；利用外墙格构形成网架，利于植物攀爬绿化，或平台设置花盆进行植物种植构成网架绿化；利用悬挂种植器种植藤蔓形成别具一格的悬蔓式绿化；在墙面花槽中种植直立草本花卉形成直立式绿化；在西方国家近几年出现将树木、植物贴墙种植的贴墙式绿化。无论哪种方式的外墙绿化都应服从与生态与景观的原则，提高人们的生活品质。

③ 室内种植植物无疑有改善室内空气质量和空气湿度、调节室温和人的神经系统、柔化空间、美化环境、提供宜人的活动场所等诸多优点。在室内绿化种植时，要根据室内空间特性选择不同生态习性和形态特征的适宜植物；要与室内布局、风格、色彩和谐统一；植物布局比例要适当，要注重点线面的结合与残缺空间的填补；避免对人的危害性。

3）注重水资源的规划与设计

水资源的规划与设计包括水环境基础资料分析、水环境初步规划分析、建筑给排水系统方式选择、场地水体系统规划设计、雨水收集与利用系统设计、污水处理和再生水回用系统设计。其中雨水与再生水资源的开发

利用是绿色建筑生态水环境系统规划设计的重点内容。

（1）绿色建筑雨水收集与利用的设计方法和技术手段

① 建筑屋面、路面、广场和停车场、绿地雨水收集。

② 收集雨水利用设施设备进行截污和初期雨水弃流及储存调蓄。

③ 雨水处理与净化。

④ 雨水的直接、间接和综合利用。

雨水的综合利用的技术手段如 4-65 所示。该系统采用比较自然化的设计，利用绿地和浅沟汇集雨水的同时达到减少水土流失、控制初期雨水初期污染物的目的。利用水体和渗透设施来调蓄雨水，水体底部可采用防渗膜来减少渗漏。通过水量平衡计算和综合设计，系统可以实现利用雨水资源，减少污染，改善人居环境，提高城市暴雨防涝标准的目标。

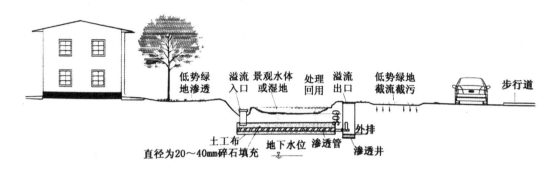

图 4-65

（2）污水处理和再生水回用系统

绿色建筑中的污水主要来自于生活污水、生产污废水以及建筑过程中产生的污水。这些污水可以通过城市污水管道直接排放，经城市污水厂再生处理，实现水的回用；也可以由建筑单位个体收集本区域污水、净化处理后回用。污水处理后回用，既可以减少污染，又可以增加可利用的水资源，解决绿色建筑要求的大量水景和大面积绿地用水，有明显的环境、社会、经济综合效益。

4）注重室内外风环境的组织利用

室内外风环境的组织利用可以在建筑外部空间、内部空间有效调节空间环境小气候。绿色建筑的风环境是绿色建筑的特殊系统，它的组织与设计直接影响建筑布局，形态和功能。建筑的风环境同时具备热工效能和减少污染物质产生量的功能，起到节能和改善室内外环境的作用。

（1）室外风环境

研究建筑室外风环境，就是在给定的大区域风环境下，通过城市建筑物和其他人工构筑物的合理规划，得到最佳的建筑区域地形，从而控制和改善有意义的局部风环境。

当风遇到建筑时,建筑迎风面为正压,而在建筑顶部和背风面形成负压。如果在屋顶开设天窗,风会被吸入建筑。由于风压的作用,风会在建筑的背风面形成"涡流"。在建筑设计中,要合理利用自然风,进行合理建筑规划布局。一般风影区为建筑高度的 3 倍左右,因此在有效利用自然风方面,建筑应交错布局,扩大建筑间距,使建筑拥有迎风面。在创造良好的自然风环境同时,也要考虑建筑的防风、避风和提高建筑的气密性,减少自然风对人类的危害。

（2）室内风环境

在进行室内风环境设计时，要考虑被动式自然通风和主动式机械通风，实现室内健康通风、热舒适通风和建筑降温通风。在绿色建筑设计中，建筑师更加倡导自然通风。利用建筑的风压和热压来实现空气流动，达到自然通风的效果。

① 利用风压实现自然通风

当风垂直吹向建筑正面时,迎风面中心处正压最大,在屋角、屋脊处负压最大,当建筑垂直主导风向时,风压效果明显,通风效果最好,建筑获得良好的"穿堂风"。风对建筑物的作用力可分解为水平和垂直方向,对风压的利用往往是利用对风的阻力来组织通风的。垂直方向的风压产生伯努利效应（Bemoulli effect），如图 4-66 所示。进风面在斜屋面进风口处产生正压，使风通过进风口进入室内，进风口斜屋面起到兜风作用。风压的另一效应是文丘里效应（Venturi effect），气流流动时，空间收缩会使风速加大，于是在收缩段会形成负压区，利用这一效应，可以获得良好的室内通风，如图 6-67 所示。

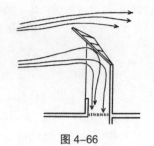

图 4-66

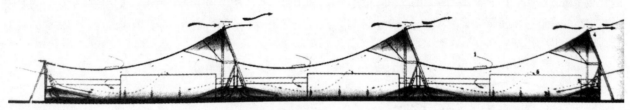

图 4-67

② 利用热压实现自然通风

热压通风即通常所说的烟窗效应，如图 4-68 所示。由于热空气密度小而上升，从建筑上部风口排出，室外冷空气密度大，由建筑底部被吸入。当室内气温低于室外时，气流方向相反。热压通风要注意上下窗口之间有一定的高差，建筑内部要有热源，要重视中性面的不利影响。

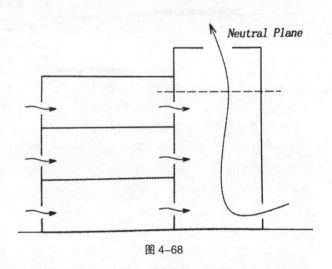

图 4-68

利用热压通风如图 6-69 所示。建筑内部设通风走廊，紧邻走廊为三层公共场所，走廊临近室外湖泊。环廊正面安装可随季节变化而自由调节的隔热玻璃。在冬季，可将低处的可开启挡板关闭，这样拱廊便成一个温室，有利节约采暖能耗；在夏季，可将挡板上滑，经过水面冷却的空气便可从玻璃窗下部吹入拱廊，而室内的热空气则由对向的玻璃墙面与屋面结合缝隙处排出。

在实际生活中，建筑内部的气流，往往是热压和风压综合作用的结果，因此考虑建筑内部自然通风时要综合考虑两种风压的影响。

（3）自然通风设计

① 要考虑合理的建筑布局，以满足自然通风需求。

② 正确选用建筑体型，有效利用穿堂风，提高室内生活舒适性。

③ 合理设计、选择建筑构配件。如正确设计窗的朝向、窗洞口尺寸、开启方式，合理设置导风构件等，实现自然通风。

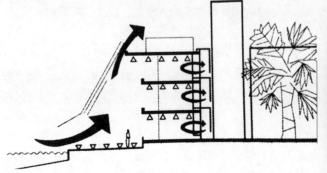

图 4-69

5）注重自然光在室内外环境的组织

将光环境主动运用于建筑创作中，调节生活在空间环境中的人们心理状态，提高生活质量。

（1）建筑在光的作用下，能够展示建筑的材质、色彩和空间；光环境的有效利用已经成为建筑造型的手段，为建筑创造出不同的意境艺术空间。

（2）在进行建筑布置时，建筑布置得当可以给地段带来阳光通道，否则会给地段带来洞穴般的阴暗。要合理利用地形，高矮建筑合理规划，保证良好的日照间距。在进行建筑光环境设计时，光可以被遮挡，亦可以被有效利用，良好地利用光影，可以使人们根据需要获得阴凉的天井和温暖的光空间。在光的利用上要避免眩光，可以采取以下几个方面的措施：

① 不要阻隔光线，使建筑获得较好的日照。

② 按设计理想有效遮挡，如采用透明与半透明和性能不同的玻璃，以及水平或竖向可调角度并能移动的遮阳板等技术手段，防止因阳光直射导致眩光和过度热量。

③ 主动利用天然光，可以将光重新定向，使光照射到需要的地方。可以采取镜面反射采光法（图4-70）、棱镜组传光采光法（图4-71）、光导管采光法（图4-72）、光纤导光法（图4-73）、光伏效应（太阳能电池）间接采光法、卫星反射镜采光法等技术手段。

④ 提高光的使用效率，建筑室内采用高反射比饰面。

⑤ 综合使用天然光，对天然光整合。

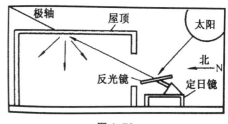

图 4-70

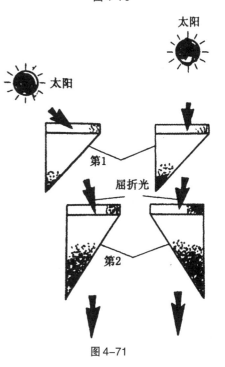

图 4-71

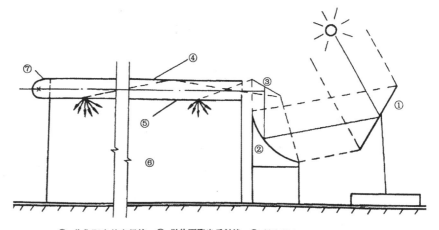

① 收集阳光的定日镜；② 抛物面聚光反射镜；③ 导光管入口反光镜；④ 导光管；
⑤ 导光管出光口散光器；⑥ 试验用无窗房间；⑦ 人工照明光源

图 4-72

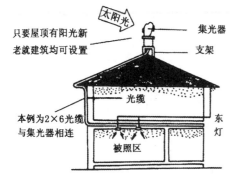

图 4-73

6）注重室内外声环境的组织

（1）声景观的营造

声景观的营造是运用声的要素，对空间的声环境进行全面的设计和规划，并加强与总体景观的协调。声景观的营造超越了物质设计和发出声音的局限，把风景环境中本来就存在的听觉要素加以明确认识，同时考虑视觉和听觉的平衡与协调，通过五官的共同作用来实现景观和空间的诸多表现。

声景观的营造延伸了设计要素的范围，大自然的声音、城市个角落的声音、带有生活气息的声音、甚至是通过场景的设计，唤起人们的记忆或联想的声音等内容都是声景观营造的内容。建筑师可以根据场所需求添加新的声要素，也可以去除声环境中不协调的声要素。

人对声景观的需求是多样的，人在休息和安静状态是需要安静的环境的；人在精神紧张状态时应以适当舒缓音乐来减轻环境压力，或以相对强烈的音乐与内心的紧张产生共鸣，以掩饰心里紧张。声音来源于物质，声音传达物质的特种信息，可以使声音成为物质标志，通过标志人们能够理解物质，与环境产生共鸣。"蝉躁林愈静，鸟鸣林愈幽"的经典名句至今仍能引发人们对于声环境的无限遐想。

（2）消除噪声

噪声有损害听力、引发疾病、降低工作效率等多方面的危害，生活中的噪声来源于交通噪声、工厂噪声、施工噪声、社会生活噪声和自然噪声等，其中交通噪声影响最大、范围最广。消除噪声对于外部噪声可以采取合理的区域功能分区、设置合理的遮挡措施、合理的建筑规划布局等方式来消除噪声；而对于建筑内部的噪声则主要通过消除噪声源、通过围护结构的有效隔声、调整建筑内部功能布局等措施来实现建筑内部消除噪声。

7）注重建筑环境生态交通系统设计

绿色建筑环境生态交通系统关注建筑及场地周边人、车、自然环境间的关系问题，人的安全、舒适是绿色建筑环境生态交通系统设计的首要原则。绿色建筑环境生态交通系统要将生态道路系统路网按区域级、分区级和地段级进行层级设计，并进行合理的道路绿化布置，努力创造步行空间和有效的交通抑制管理，实现人车分流，使交通便捷顺畅，景观良好。合理设计步行空间，满足休闲人性化的设计目标，使城市道路处于最优化状态，道路绿化能够促进生态平衡，人们在步行空间里增进交流从而对地区环境具有认同感，通过交通抑制管理措施改善交通环境建立新秩序。

8）有效控制空气污染和生活垃圾处理

绿色建筑除了节能、节水、节地、节材等减少对资源的消耗外，还需降低自身的排放，减少环境污染，生活垃圾应合理处理。通过室内空气污染的防治、生活垃圾的处理，有效保护环境，提高环境质量，实现建筑环境的可持续发展。

9）实现建筑智能化与绿色、生态建筑一体化设计

智能建筑是实现绿色建筑目标的新技术手段，通过智能化，优化建筑结构、系统装备、服务和经营等要素，建立建筑设备管理系统、通信网络系统、办公自动化系统的综合布线，实现建筑的舒适、安全、健康、方便和节能降耗，统筹节地、节能、节水、节材等综合措施，改善人居环境，体现建筑"以人为本"的服务意识，促进建筑可持续发展。

4. 北京当代 MOMA 绿色建筑案例分析

1）地段环境

北京当代 MOMA 地处东直门商圈周边地带，商务氛围浓厚。银座、燕莎、丰联广场、太平洋百货、华普超市、旺市百利等商业设施一应俱全，生活购物都很方便。附近有东直门外医院、东直门医院、朝阳医院等多家医疗设施齐全的大中型医院，就医方便。另外，附近还有北京五中、北京四中、163 中学、55 中学、曙光中学、十字坡幼儿园等许多著名的中小学，就学非常方便。

2）建筑概况

北京当代 MOMA 由 8 栋 25 层的板楼组成，占地面积 6.18 万 m²，建筑面积 22 万 m²，其中住宅为 13.5 万 m²，配套商业面积达 8.5 万 m²。商业部分建筑功能包括多厅艺术影院、画廊、图书馆等文化展览设施，还包括精品酒店、国际幼儿园、顶级餐饮、顶级俱乐部及健身房、游泳池、网球馆等生活设施与体育设施。

3）建筑设计构思

北京当代 MOMA 景观规划、建筑设计由纽约哥伦比亚大学教授、建筑师斯蒂芬·霍尔负责。设计创意灵感来自收藏于 MOMA 的法国绘画大师马蒂斯的名作《舞蹈》。《舞蹈》画作的主要内容为五位拉着手跳舞的人。画作是要表达人类美好和谐的愿望，如图 4-74 所示。建筑布局运用被动式的设计方法，采用邻里建筑环绕的布置方式，表达友谊、和谐进步的美好愿望。

4）建筑组成

当代 MOMA 通过环状的空中连廊将 8 栋建筑连接在一起，加之一栋艺术酒店和一座多功能水上影院，构成了一个立体的建筑空间，如图 4-75 所示。外立面材料采用磨砂氧化铝板，以轻盈的形式减轻高密度、大体量建筑的压迫感，所有开窗均为标准尺寸，用于抗震的斜撑的应用使立面更具丰富性和个性感。

建筑之间的空中连廊为社区创造了更多的邻里交往空间，在 16~18 层的高空将 8 栋建筑连成一个整体，除了视觉冲击外，还具有丰富的使用功能，包括游泳馆、健身房、咖啡厅、酒吧、画廊、图书馆、小型社区聚会场所等，为社区居民提供便利服务。

5）建筑造型

建筑造型是由色彩缤纷、充满卡通感的外立面（图 4-76）、空中连廊（图 4-77）、水上影院（图 4-78）等几部分构成。多厅艺术影院位于社区建筑的围合中心，既是居民聚会的场所，也是建筑技术造就的视觉焦点。整座建筑漂浮在浅浅的映水池上，外墙上可以放映广告片花，巧妙的建筑设计使其具有很高的结构效率，空间功能与建筑造型得以完美结合。影院一层完全架空，将空间留给社区，透过观众休息厅的玻璃幕墙便可以看到室外景色。

图 4-74

图 4-75

图 4-76

图 4-77

图 4-78

6）建筑空间序列

设计者把焦点放在穿越空间的体验上，在这些大楼的设计组织上，设计者已经将动作、时机和序列整合考虑，视点会随着缓坡、转弯而改变。电梯的转换，犹如电影里"切换"，从一个楼层到另一个更高层的通道，平移过一些令人愉悦的周边景色。

不过，空中走廊的设计也给建筑带来了一些遗憾，由于结构上的需求，空中走廊伸入楼体之中，在房地产运营过程中，是难以售出的单元住宅。

当代 MOMA 于 2005 年 12 月 23 日被美国《商业周刊》评为中国十大新建筑奇迹，它也是新建筑奇迹中唯一的公寓类项目。

7）建筑技术

设计者为体现人性化的设计理念，运用主动式建筑设计技术手段，体现绿色建筑特征。

（1）永续建筑

当代 MOMA 精心巧妙的平面设计实现了合理的户型布局、统一的门窗模数及很小的建筑体形系数三者的统一，为节能创造了很好的条件。当代 MOMA 的能耗是传统建筑的 30%。

（2）恒温恒湿

建筑设计师意图通过向楼板内预留的管材里注入适宜温度的水，以天棚辐射的方式，使室温常年保持在人体最舒适的 20~26℃之间。该系统辐射采暖制冷效率高，温度均匀，不占用室内空间，不会破坏建筑外观，无风感、无噪声，实现采暖制冷与新风换气系统的分离，如图 4-79 所示。

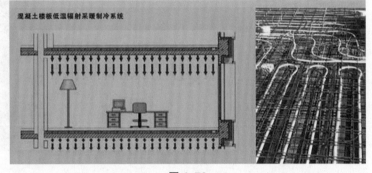

图 4-79

（3）置换新风

建筑通过取自高空的新鲜空气，经过滤、除尘、灭菌、加热／降温、加湿／除湿等处理过程，以 0.3m/s 的低速，从房间底部送风口不间断地徐徐送出。低于室温 2℃的新风，在地面形成新风湖，层层叠加，缓缓上升，带走人体汗味及其他污浊气体，最后到达房间顶部，经由排气孔排出，新、回风完全杜绝交叉污染，既节能，又保证室内空气品质的要求，如图 4-80 所示。

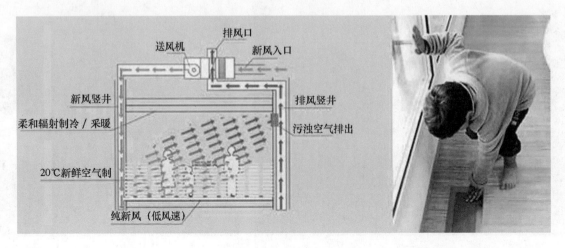

图 4-80

（4）外维护

建筑外围护结构最达限度地减少了外环境对室内舒适度的影响，600mm 厚外保温结构，传热系数只有 0.36W/（m²·K），仅为北京市现在通行节能标准的 60 %。LOW-E 中空内充气玻璃，允许日光携带的能量进入室内，但是室内的热量不会散发到室外，配合断热铝合金窗框，整窗导热系数不大于 1.8 W/(m²·K)。

（5）地源热泵

建筑复合式能源系统通过深入地下 100m、矩阵式分布在地下车库的垂直换热器，与土壤热交换后，再由冷热泵机组将温度调至湿度，满足天棚辐射系统直接供冷或供热。高效、舒适、环保、节能，将系统对周围环境的影响减到最小，几乎无限的可再生能源，创造优越人居环境，如图 4-81 所示。

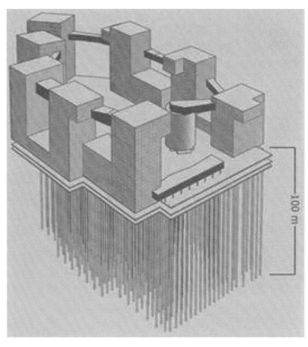

图 4-81

（6）中水处理

当代 MOMA 建筑的日产生废水总量约 482t，其中 58% 的厨房及洗浴废水作为中水水源，约 283t，设于 10 号楼地下二层的中水站采用膜生物处理技术，经生物反应器、消毒装置等处理后全部回用于商业、幼儿园、影剧院冲厕所用水及部分楼座冲厕，其余用于绿地、浇洒道路、景观水晕补水等，如图 4-82 所示。

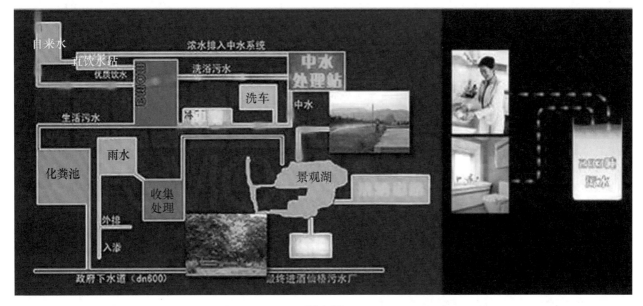

图 4-82

（7）生命园林

斯蒂芬·霍尔将对"永续设计理念"的理解融入到当代 MOMA 的园林景观当中，在 18540m² 的面积中创造出一个整体的、符合生命周期与四季轮回的生态景观，消除人流和车流对广场空间潜在的影响，使整个景观融为一体。为重建场地内被道路切断的建筑群内外空间的联系，并强化人性化的空间感受和整个场地的整体感，斯蒂芬·霍尔通过连续的铺地和植物，将三种不同的空间元素——建筑形体、水池和山丘，有机结合起来，一气呵成，自然连贯，如图 4-83 所示。

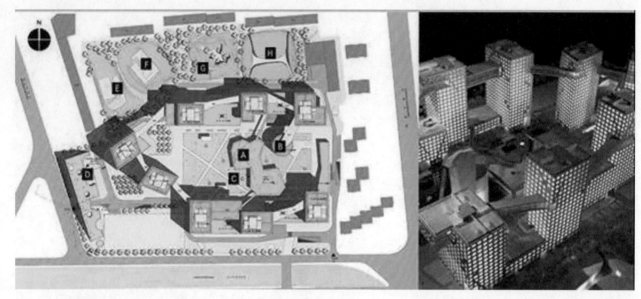

图 4-83

（8）五行丘

建筑设计师利用地下停车场施工所挖掘出的土壤，堆积在开放的空间中，形成具有特殊休闲娱乐功能的 5 个主体性园林景观——幼儿丘、青年丘、壮年丘、老年丘和永恒丘。各个山丘的功能、属性和活动都与其时间周期和生命周期有所关联。如图 4-84 所示，五座山丘将四季的交替作为表现，再细化到每一个月之中，让山丘的景观随时间变化而变化，从而散发出鲜活的能量和多样性，不同的植物有着各异的色彩、形状和味道，将生长周期的交织重叠搭配到不同季节之中，使同一场所在每个月都不会出现景观重复。

（9）映水池

北京当代 MOMA 建筑环境中的水池设计，体现出建筑师对于中国传统文化围棋的深刻理解。水面上不同植物的分布犹如围棋棋局，沿水池和步道布置 LED 带形灯，水下的灯光使水体显得更加柔和，加强步道的漂浮感，而步道的设计更促进了人与人之间的交流，如图 4-85、图 4-86所示。

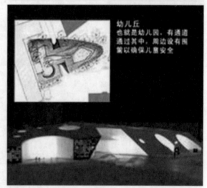

图 4-84

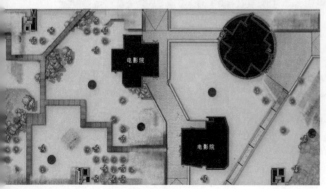

图 4-85

图 4-86

（10）中心屋顶花园

在保障良好视野的同时，充分利用所有空地增加绿量，既体现了生态环保、可持续发展的理念，也为整个社区增添了艺术氛围，如图 4-87、图 4-88 所示。电影院屋顶中间的绿丘是建筑形态的转化，为居民提供了休息和交流的场所，地形带来的高差变化提供丰富的视点变化和空间感受，家长也能更好地看护嬉戏的孩子。

（11）大规模使用可再生的绿色能源

当代 MOMA 也是当代置业科技主题地产的延续与发展，在万国城 MOMA 实现高舒适度、微能耗的基础上，将大规模使用可再生的绿色能源。从可持续的观点出发，当代 MOMA 适当的高密度开发利用土地与大规模使用可再生的绿色能源是大城市发展的方向，是真正"节能省地"的项目。

图 4-87

通过本单元的论述可以看出，很多建筑师都是按照自己的理想，延续着风格各异的建筑流派，进行着建筑活动。这一类的建筑创作活动的创意与构思的内在特征可以称之为"建筑师的理想主义建筑创意与构思"。当今建筑创作活动已呈现出多元化的现象，呈现出综合运用各种理论、技巧进行建筑创作的特征，建筑创作相互借鉴，建筑创意的内在特征已无法用某一单一内在特征

图 4-88

理论来进行概括。建筑创作活动空前繁荣。建筑师应顺应时代发展要求，积极探索，不断总结新的建筑创意的内在特征，完善和补充建筑设计理论知识，更好地指导建筑创作活动。

4.6.6　运用建筑设计构思的内在特征建立"休闲驿站——茶室"设计构思

1）"休闲驿站——茶室"设计方案的建筑设计构思内在特征分析。

2）运用建筑基本美学规律对"休闲驿站——茶室"建筑形式美进行分析。

3）绘制"休闲驿站——茶室"设计方案构思草图。

PART 5
建筑设计构思表达
内容和形式

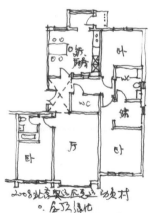

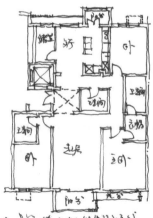

任何建筑设计创意构思，都必须以图文形式进行表达。完美建筑图文形式表达是建筑设计创意构思深化的重要过程。

初学者往往思维比较活跃，受规范、法规的约束较少，构思大胆、新颖，但是由于表达能力的欠缺，使得自己的设计想法不能被业主——建设单位领会和理解，最终导致方案无法被认同与实施。手绘能力较差的设计者，在与甲方探讨方案的时候，由于手绘能力差，不能现场修改方案，无法表达设计思想和内容，导致双方无法沟通，给项目服务、业务合作带来障碍。因此，掌握建筑设计构思内容的表达是设计者不可或缺的能力与本领。

建筑设计构思的内容表达形式大致分为两种：一种是语言表达，另一种是图文表达。语言表达是建立在图文数据之上的，没有图文展示，语言也就变得空乏无力，不宜被人理解。图文表达是建筑快速设计构思内容的表达形式的基础和重要的形式。

图文表达形式是建筑师的主要表达语言，好的构思通过各种形式的图画表达出来，更加容易被人理解与认识。就像刚刚懂事的孩子，虽然不认几个字，却能从精美的图画中，读懂所描绘的故事内容一样。简洁明了的图文表达比单纯的语言和文字更加直接，更容易被人接受，可以让不懂建筑的非专业人士明白建筑师的设计理念和构思。因此，能够将构思通过图文形式表达出来，是每一位建筑师应具备的基本能力。

本章节将重点阐述以图文形式表达建筑设计构思的内容。建筑快速设计构思内容的表达形式可概括为：建筑分析图、建筑 2D 功能空间表达图、室内造型空间图、环境空间艺术布置图。各图形在一个画面中要形成构图的比例关系，画面与画面之间要合理艺术布局，共同形成完整、变化、统一的画面。

5.1　建筑分析图

在建筑设计构思的初级阶段，因为要考虑到业主的设计要求、场地的诸多信息以及设计中存在的问题，设计者常常需要依靠许多图解来表达那些不易说清和难以捉摸的概念。在建筑设计构思和建筑方案研究过程中形成的一些图解称为建筑分析图。

建筑分析图是建筑设计创意构思表达的"陈述说明图解"。建筑分析图可以多层次地同时传递和表达信息，它是建筑师的语言之一。建筑分析图是利用一系列符号和抽象的点、线、面等图形记录的、建筑简化的表达图形。它运用箭头、各种线条等手段对建筑设计构思的相关问题，进行描述、简单概括和分析表达。

绘制建筑分析图可以帮助设计者理清头绪，寻找解决矛盾的方法，逐步建立构思方向，为方案的深入发展起到不可忽视的作用。建筑分析图记录了设计者的设计构思过程，通过分析图的展示可以简洁明了地表达设计者的设计意图。运用建筑分析图便于与建设单位沟通和交流，阐述设计意图，完善建筑设计任务和设计方案。

在建筑设计过程中，通常用到的建筑分析图包括：环境和现状分析图、建筑和环境关系分析图、建筑平面功能空间分析图、建筑人文分析图。

5.1.1　环境、现状分析图

在建筑设计构思之初，设计者的灵感大多建立在基地的多次调研与踏勘之上。环境、场地设计分析是解决环境设计中存在的主要矛盾问题的设计途径。环境、场地设计是若干建筑设计诸多亟待解决的问题中，要首先解决的主要矛盾问题。因此，环境、场地分析图往往应用于建筑设计方案的场地规划与总平面布置设计之中。

为了创造建筑与场地、场地与环境的合理布局和协调关系，对环境、场地现状的分析是必不可少的。场地的环境、现状分析是在建筑布置时，首先考虑的问题。环境、现状分析图大致包括基地自然条件分析图、基地人文条件分析图和基地交通流线分析图。

1. 基地自然条件分析图

基地自然条件分析图又包括基地周围景观、日照条件，以及基地坡度、基地的形状等分析图。

1）基地周围景观分析图

基地周围景观主要指的是自然风光。如基地周边是否有海、有山，是否需要保留古树、古楼等文物古迹设施。这些因素可能会对设计构思带来不利因素，也可能为设计构思带来新途径和设计灵感，形成独特的设计构思。通过分析找出设计的有利条件和不利条件，为方案设计构思提供前提、依据和保障。

某些建筑设计表达如图 5-1 所示。建筑画面是 Roto 事务在进行太格住宅设计时进行的环境分析图。图中分布在等高线上不规则的小点，是建筑师通过基地的踏勘，对不同位置现有树木的标注。为了使建筑与环境更好地结合在一起，图面上还详尽绘制了等高线，描述了建筑基地环境的形态，有效表现了基地环境特征，为分析建筑与场地环境的关系创作条件。同时，建筑基地分析图也有利于把握建筑建成后，建筑对环境的影响。

许多杰出的设计大师都是尊重自然、保护自然的倡导者。莱特的流水别墅是与自然完美结合的典范，如图5-2 所示。在设计之初，莱特在对基地进行踏勘时，被环境中的自然景观所吸引，并在头脑中形成与溪水的音乐感相匹配的别墅模糊形象。他要求考夫曼尽快为他提供每一块大石头和6in 直径以上的树木都标点清楚的地形图。在拿到地形图后，莱特经历了近半年的时间对这块基地进行分析、感悟与思考。最后用了 15min 左右的时间，绘出了第一次的构思草图。莱特形容这个别墅是山溪旁一个峭壁的延伸，生存空间靠着几层平台而凌空在溪水之上。主人将沉浸于瀑布的响声之中，享受生活的乐趣。

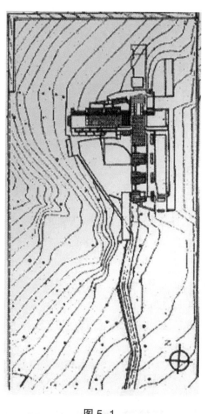

图 5-1

图 5-2

2）日照条件分析图

在建筑设计构思中，建筑日照是重要考虑的自然因素之一。它对建筑在基地中的布局、位置、朝向，以及建筑与环境日照关系等问题，都起到了不容忽视的制约作用。在建筑日照分析时，设计者还要考虑到季节变换和日夜交替带来的太阳照射方式不断变换的要素。因此，日照分析应建立在一个动态分析之上，以获得理想的建筑日照景观和日照需求，如图 5-3 所示的分析图。

自然环境中的日照对建筑的光影效果起到了决定性作用。瞬间变化的光影可以使建筑立面层次丰富，对日照以及光影的分析有利于建筑的细部深入设计。

同时，建筑在地面上的阴影是否对环境利用造成影响，是否使相邻建筑笼罩在环境要素的阴影之中，能否有效利用太阳能合理设计外围护结构等，也要在设计中通过日照分析进行了解掌握，从而有效进行建筑设计构思，如图5-4所示的分析图。

在实际工作中，确定日照间距，首先要进行建筑日照分析。建筑日照分析要执行相应建筑规范要求，运用建筑日照分析软件，输入建筑所处的纬度、经度、建筑高度等参数，如图5-5所示的分析图。通过建筑日照分析得出日照时数，与规范比对，调整建筑高度、建筑间距，进而满足建筑日照要求。

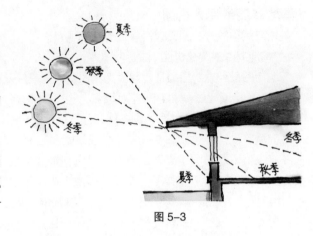

图 5-3

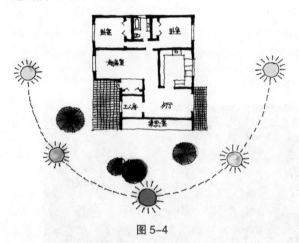

图 5-4

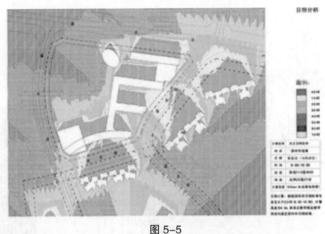

图 5-5

3）基地坡度、形状分析图

它也是基地地貌分析的一部分。当坡度较大时，如何利用坡度为设计寻求独特之处，合理的安排空间的错落关系是方案构思的难点与重点。坡度与建筑关系分析图在构思过程中是必不可少的。

坡度分析图往往采用剖面形式进行分析与绘制。如图5-6所示分析图，是从平面图拉出的剖面图。在构思过程中，有高低错落关系的空间很难用平面形式表达清楚，分析起来也有难度，因此，一个比例关系相对准确的坡度分析剖面图，可以很直观地看到空间的错落关系，对方案构思与深入有直接的帮助。

基地的形状往往极大限定了建筑的平面形态。一个特殊形状的基地，如三角形、五边形等形状的基地，往往在构思中，通过建筑用地分析，形成建筑平面设计的母题。厦门鼓山苑幼儿园如图5-7所示。建筑所在基地的形状特殊，呈现扇形。建筑为适应用地的边界的特殊形状，采用了弧形布局，不但与道路走势有机呼应，而且由此产生轻松活泼的建筑造型，体现了幼儿园建筑的特点。

图 5-6

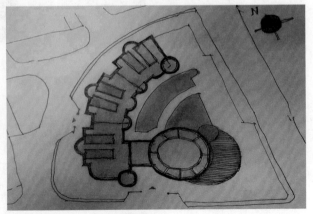

图 5-7

2. 基地人文条件分析图

在环境分析中，基地的人文条件分析也是不容忽视的。任何建筑都必然处在自然与人文环境之中，而不同的地域文化又会对建筑的形态与风格起到制约作用。设计者在设计之初，要了解当地的风土人情和地域文化，学习当地的建筑法规与条文，了解该地区城市发展的脉络与轴线关系。

建筑大师贝聿铭在设计美国国家美术馆东馆的时候，在方案之初就考虑了场地原有建筑的轴线关系，使旧馆的轴线与新馆等腰三角形的中轴重合。虽然形式上，新旧建筑风格完全不同，但是布局上尊重了城市的轴线脉络，达到新老建筑间的对话关系，如图 5-8 所示。再加上建筑立面材料相同，大部分檐口高度与老馆协调一致，使新旧两馆好似一对忘年之交。

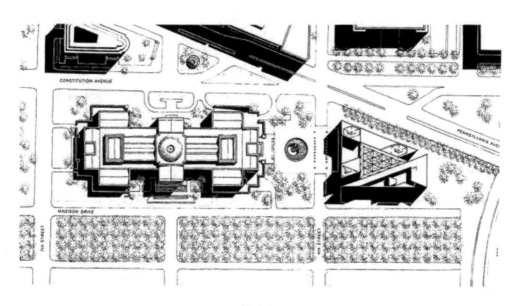

图 5-8

3. 基地交通流线分析图

交通流线指的是人流与车流的动线轨迹。通过对人流与车流进行分析，可以有效把握基地周围与内部的交通运行轨迹。对方案构思中的人车分流，建筑出入口以及各功能空间人流疏散等诸多矛盾问题的解决，起到非常重要的作用。

在分析交通流线时，可分别从基地周围动线和基地内部动线两个方面进行。基地周围的动线分析可以从周边道路等级着手，确定人流与车流的多少和运行轨迹，以此帮助分析基地入口位置与数量。基地内部动线分析主要指基地范围内使用者和汽车的运行轨迹，以及建筑内部空间人流轨迹。该分析可以帮助解决基地内的道路设计及环境划分，如图 5-9 所示的基地交通流线分析图。

在绘制建筑基地交通分析图时，建筑师经常运用不颜色、不同宽度、不同线型的线体，体现出景观步道、人流、车辆、消防车流等流线，表达基地各种功能流线的交通组织关系，如图 5-10 所示。

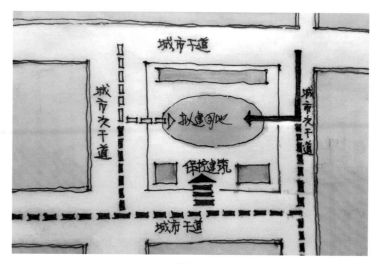

图 5-9

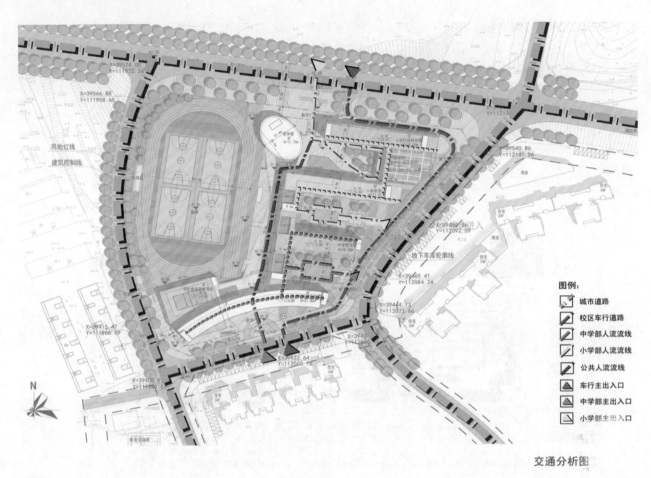

交通分析图

图 5-10

5.1.2 建筑和环境关系分析图

功能分析图用来分析功能空间关系，有效梳理错综复杂的功能空间，使得琐碎的空间形成整体进行分析与讨论，然后再由整体逐步深入到局部空间。功能分析往往被用于总平面的环境分析，就是把环境按照使用功能的不同划分为不同的区域，以此来明确道路、绿化、广场等环境空间的大致位置，再与流线分析结合，有效组织人流与车流。此外，功能分析图还被大量用于建筑内部的功能空间的分析，表现方式多以泡泡图的形式完成。

建筑总平面环境功能分析图如图 5-11 所示。图中清晰表明了建筑在基地中的位置。同时，泡状的环境功能分区简洁明了，建筑与环境的关系一目了然。泡状的建筑功能分析图可以从整体上把握建筑各功能空间的关系，不至于使思路局限在细节设计上。只有掌握了大关系，找到并解决设计中的主要矛盾，才不会使设计因小失大，延误设计周期。

建筑总平面环境功能分析图如图 5-12 所示。建筑师进行了建筑总平面中交通、广场、庭院、停车之间关系的分析，表达了建筑中心广场、休闲性内部庭院等各环境空间位置的组合关系，以及车流、人流的交通组织关系。

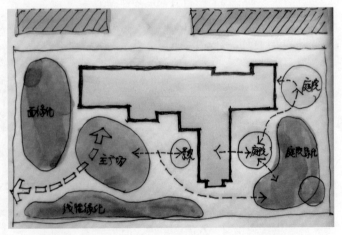

图 5-11

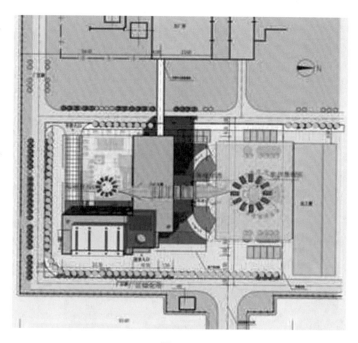

图 5-12

5.1.3 建筑平面功能空间分析图

1. 建筑平面功能空间人流分析图

建筑平面功能空间人流分析图是建筑师用以明确表达建筑平面内部空间的人流交通组织关系，一栋建筑往往具有多种使用功能，各功能关系要求彼此独立又互不干扰，有效地进行平面人流分析，合理组织内部人流交通和安全疏散至关重要。

建筑门厅功能分析图如图 5-13 所示。分析图表达的是建筑内部空间，建筑从入口大厅到各个功能空间的动线分析，通过分析使建筑各部分使用功能有序组织互不干扰。

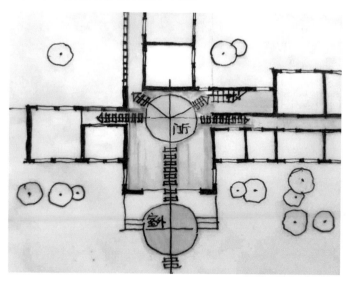

图 5-13

建筑内部人流功能分析图如图 5-14 所示。分析图表达的是展览空间内部不同布展方式带来的不同人流参观路线的分析图，通过分析进行有效的参观人流组织设计，减少参观人员的相互干扰和交叉，使建筑内部空间得到有序布置。

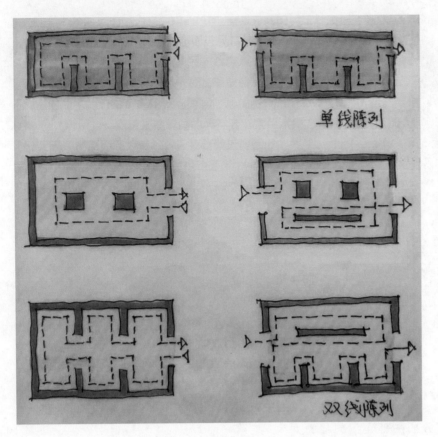

图 5-14

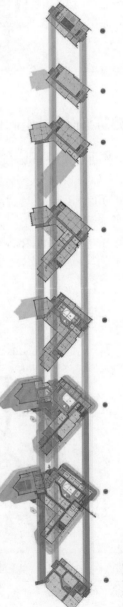

一套清晰的图解语言在同他人或自己进行方案构思与深入过程中是很有用的。绘制交通流线时,可以在平面、剖面中体现,也可在三维画面中描绘,在三维画面中描绘会更加直观。如图 5-15 所示,运用各层平面构建三维轴侧图,绘制垂直、水平交通流线,不同功能流线以不同颜色区分,这种绘制表达方法使流线分析图更加直观。在流线分析时,经常会使用各种形式的箭头和符号,应给出图例说明,使流线分析图更加明确。

2. 建筑空间使用功能关系分析图

建筑师为清晰表达建筑功能布局关系,会经常绘制建筑空间功能关系分析图。建筑空间功能关系分析图可在总平面图、平面图、剖面图、轴侧图等图纸中得以体现,建筑空间中不同的功能空间涂以不同的颜色以此来清晰表达功能空间的相互关系。

建筑剖面空间分析图如图 5-16 所示。有时不同的功能区以不同的色彩表述,以明确建筑各功能空间的有序组织关系。

建筑平面空间分析图如图 5-17 所示。建筑师经常把平面中不同的功能空间涂上不同的色彩进行表述,以明确各建筑功能空间使用功能、平面布局及其各功能空间的相互联系。

建筑总平面空间分析图如图 5-18 所示。建筑师在绘制功能分析图时,着重表达建筑各部分功能空间的构成、组合关系,运用不同颜色的模块,反映不同的功能特征,进而表达建筑各部分功能空间的构成、组合关系。

图 5-15

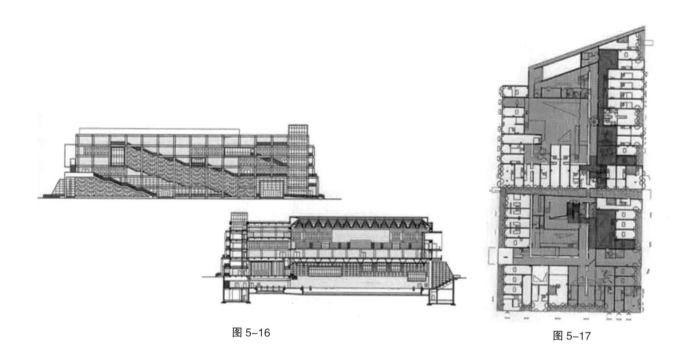

图 5-16

图 5-17

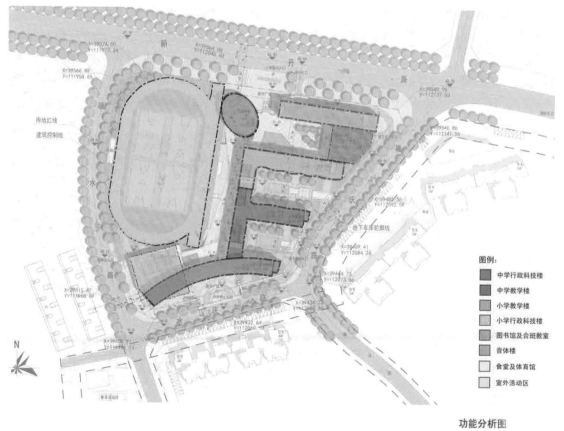

图例:
- 中学行政科技楼
- 中学教学楼
- 小学教学楼
- 小学行政科技楼
- 图书馆及合班教室
- 音体楼
- 食堂及体育馆
- 室外活动区

功能分析图

图 5-18

5.1.4 建筑人文分析图

　　建筑人文分析图是反映文化特质和生活习惯特征的分析图，通过构思分析，使建筑具有地域文化艺术内涵，使建筑符合民族性和地域性的要求。

　　我国西部某窑洞建筑分析图如图5-19所示。分析图表达了建筑上层、下层的交通流线，让人民感受到建筑空间的运动序列性，体现了窑洞建筑的地域特色。

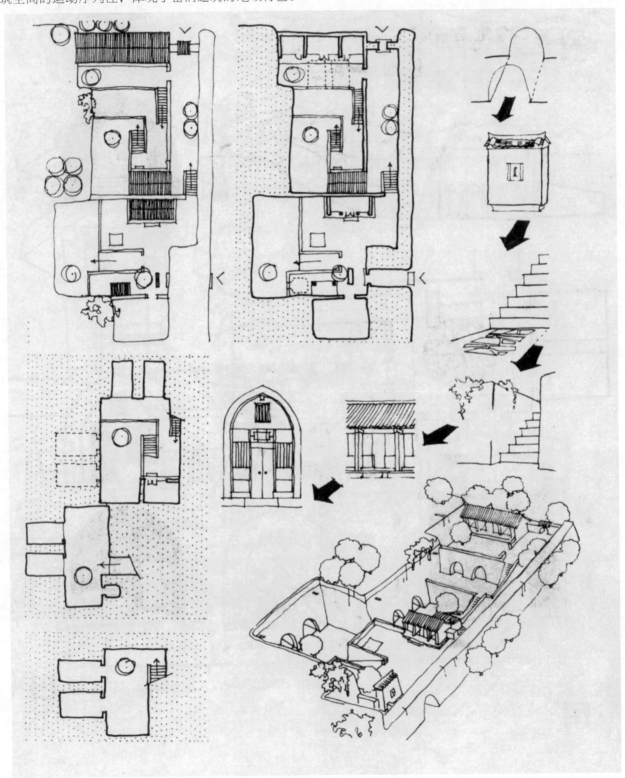

图 5-19

如图 5-20 所示，分析图表达的是建筑上层和下层空间之间视线关系，体现建筑空间的看与被看，空间的融合、渗透、借鉴的层次关系，体现了建筑与环境的和谐共享关系。

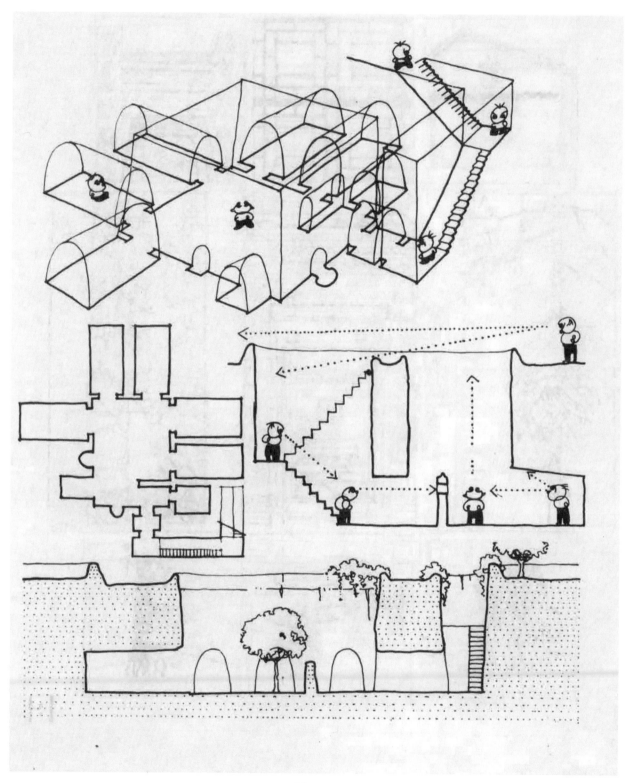

图 5-20

如图 5-21 所示，分析图表达了民族建筑的造型、建筑庭园布置的文化片段，体现出建筑师继承传统、延续民族文化的建筑设计思想和理念。

图 5-21

　　如图 5-22 所示，分析图进行了建筑室内陈设分析，体现民风、民俗，表达了建筑师对建筑的地域性和地域人文风俗传统的关怀，体现了"以人为本"的设计理念。

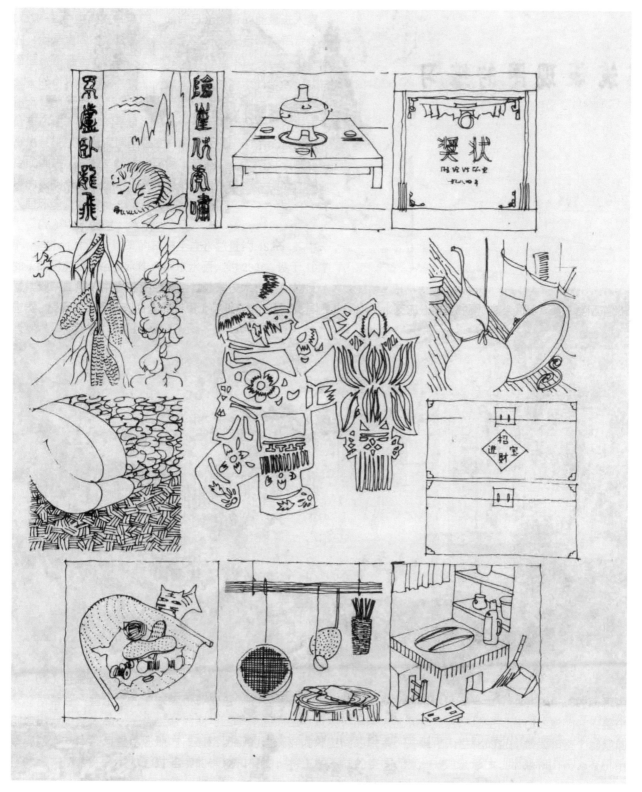

图 5-22

　　如图 5-23 所示，分析图表达了建筑空间序列的景观节点以及建筑日照光影变幻，建筑师综合运用美学规律，在空间中，有效地进行建筑的光影明暗设计处理和景置变化，取得先抑后扬、步移景异的艺术效果。

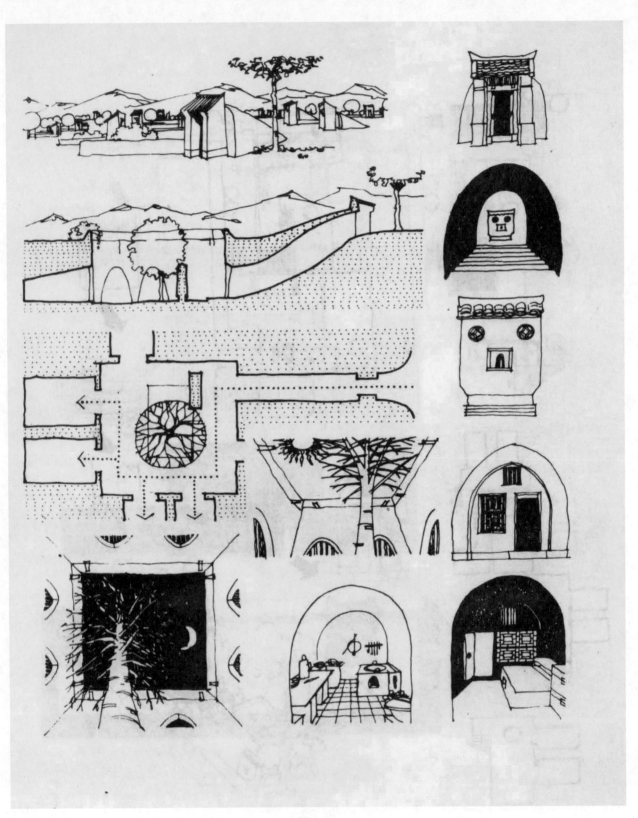

图 5-23

在哈尔滨太阳岛月亮湾假日酒店的创作中，建筑师对哈尔滨中西合璧、多元共存的建筑文化进行分析，发现哈尔滨的诸多教堂建筑都具有红墙碧瓦的风格特点。另外，哈尔滨历史遗留下来的木屋，屋面高耸、造型奇巧、高低错落，既适应了哈尔滨的气候特点，又具有较高的审美艺术价值，如图 5-24 所示。建筑师把这些调研分析出来的建筑特色运用到建筑创作中，延续了哈尔滨的建筑文化，同时又发展了哈尔滨的建筑艺术。图 5-25 所示建筑取得了良好的建筑艺术效果。

图 5-24

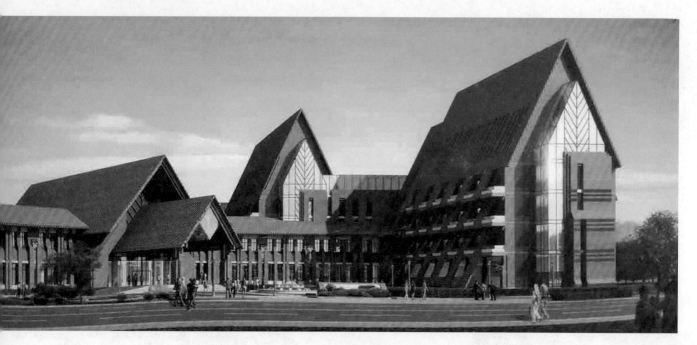

图 5-25

5.1.5　建筑立意构思分析草图

　　建筑立意构思分析草图一般是设计者徒手绘制的，用以表达设计思维，研究设计方案的图纸，是设计师设计创意构思的真实再现。它不仅记录了建筑形象，也表达了建筑师的思维过程，在对立意构思草图的权衡、比对、提高中，激发建筑立意，焕发建筑设计灵感，在进行建筑立意构思的取舍中确定建筑立意构思。

　　绘制建筑立意构思分析草图，是从建筑概念草图开始的，是在建筑师对业主需求、建筑的地域、地段环境等认真分析、认识、理解后，在创作意念的驱使下，绘制的思维草图。绘制概念草图要有开放性，要对建筑整体思考，要使建筑思维活跃起来，捕捉建筑思维灵感表达的线条要奔放，强调建筑的理念，注重表达建筑轮廓。

　　建筑概念草图完成后，设计构思便确定下来，开始绘制建筑构思草图。随着建筑的思考加深，建筑构思由含混，逐步清晰、完整和确定，经过构思草图的反复比对，建筑构思方案成熟起来，具有了真实性，反映出建筑的空间、建筑的结构等内容。

　　黑龙江阿城金上京历史博物馆总平面构思如图5-26所示。建筑立意构思分析草图简练、意图明确、具有开放性。在进行建筑立意构思时，首先研究了阿城的城市设计，分析了地段的结构关系，即上京城遗址、金太祖墓和博物馆三者之间的关系，将博物馆设计成一组半开放的三合院，面朝东侧公路，符合古代金制建筑朝东的惯例，也巧合地面相东侧的金上京遗址，馆西南角将建筑群开一缺口，从院落缺口处可远望金太祖墓，在视觉上与博物馆取得联系。通过这些构思处理，合理考虑建筑间的空间结构关系，使博物馆与古迹间形成一种空间上的完整延续。

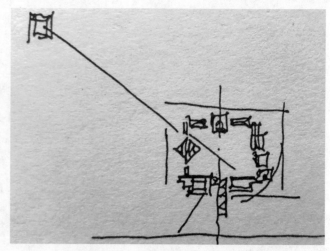

图 5-26

　　黑龙江阿城金上京历史博物建筑立面构思如图5-27所示。建筑立意构思草图意图明确，使人产生联想。建筑入口具有标志性，建筑主体四角倾斜、跌落，有古墓之感。建筑中间敞开的门呈三角形，并层层递进，使人联想到"军帐"的入口。在入口前设置前廊架子，体现古代帐前卫士斧钺的形象。

图 5-27

　　除此之外，建筑分析图还可以包括节能、建筑技术应用等方面的分析图，人的行为心理分析图，室内视觉分析图，室内环境分析图，构思来源分析图，方案比较分析图等，分析范围相当广泛。分析内容应根据设计内容展开，各分析图应相互独立又彼此联系。

　　图 5-28 所示为绿色建筑通风与节水方面的分析图。分析图中表达了自然风的引入与室内换气气流走向，实现室内自然风流，提高室内环境的舒适度。在节水方面，分析图表达了雨水收集与绿化喷灌使用的方法，实现了建筑的可持续发展。

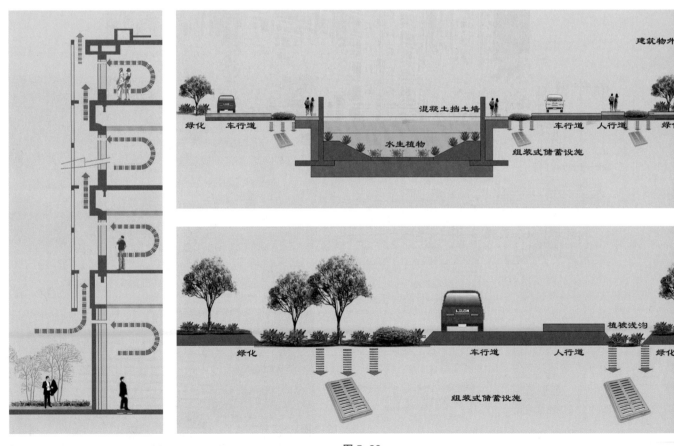

图 5-28

5.1.6 建筑分析图的内容表达方式

建筑分析图内容的表达方式是多种多样的，一张分析图可以表达某一方面的内容，也可以表达多方面的内容。例如在一个分析图里可以通过流线分析表达入口的合理性，同时展现建筑与环境的关系等，如图 5-29 所示。

建筑分析图的表达方式、绘制手段也是多种多样的，可以是手绘表达，不拘泥线条的横平竖直，但求线条的流畅，也可以借助马克笔、彩铅等工具手绘表达，如图 5-30 所示，还可以运用建筑模型、计算机辅助设计进行表达，如图 5-31 所示。分析图通过分析重点，使建筑意图突出；运用图式符号进行表达，使设计意图简洁明了。

在构思过程中，徒手绘制建筑分析图是建筑师们普遍认为最快捷的分析方式，被广大建筑师所推崇。当建筑方案创意构思需要一些参数进行分析时，可以通过相应电脑软件程序计算对建筑进行数据分析，例如日照间距分析、采光系数计算分析、节能计算分析等。运用电脑计算程序软件来完成建筑设计技术分析，提高了分析图纸的准确性，提高了工作效率和工作质量。

福建武夷山风景区幔亭山房的建筑分析图如图 5-29 所示。建筑分析图的表达就反映了多种内容，如建筑的轴线关系、建筑半开敞的三合院、建筑的入口以及景观绿化等，建筑构思将自然中的山山水水层次拉开，入口道路以卵石拼砌，路旁地灯以卵石挖空制成，所有的一切似一幅移动的画卷，分析图以简练笔墨勾勒出来。

美国三番市海边峭壁住宅方案构思分析图（图 5-30），就是运用彩色画笔来表达设计构思的。建筑形态淳朴，适应山地。建筑材料就地取材，体现了建筑与环境有机结合，融入山体。

洛阳百货大楼建筑构思分析采用了建筑模型的方式，如图 5-31 所示。建筑模型反映了"立足现代、反映古城风貌"的设计理念。建筑设计构思取环境中现代建筑要素，同时继承地域传统，对传统建筑琉璃瓦顶进行抽象隐喻，建筑入口设计了传统屋顶的隐喻符号与地域文化传统相适应，同时主体建筑转角处模拟古塔落地窗和古塔的影姿，表达了建筑师幽幽的思古情怀。

无论是哪种方式的建筑分析图，都是建筑设计构思过程中必不可少的。设计者应学会综合、全面地运用建筑分析图的表达方式、手段，表达设计意图与构思，使建筑设计作品更加清晰、完善，满足工程设计要求，实现建设单位的使用意图。

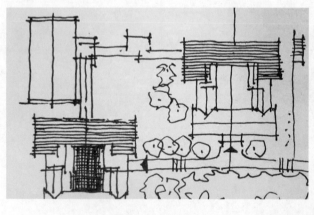

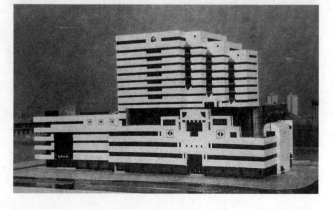

1		1　图 5-29
2		2　图 5-30
3		3　图 5-31

5.2 建筑总平面图、平立剖面图、造型空间图

5.2.1 建筑空间表达的功能性图纸

建筑总平面图、平立剖面图、造型空间图是对建筑设计构思内容的本质表达，要实现建筑构思，运用美学规律，设计原理对业主要求全面表达，不但要满足建筑使用、建筑防火、建筑节能、无障碍等物质功能需求，更要满足造型艺术精神功能需求。它是建筑设计构思的"功能图解"、建筑空间表达的功能性图纸，因此应达到三个层次、境界的要求：

1）全面清楚地表达建筑设计功能特征，如建筑空间的大小、形状、高矮和朝向。

2）表达建筑的空间、形式、体量、细部的特征和材料的质感以及建筑与环境的关系。

3）通过建筑分析，实现建筑设计的立意和构思，表达建筑的设计风格，物质、精神和美学要求。

建筑师通过建筑总平面图、平立剖面图、造型空间图，表达建筑使用功能的基本空间关系，如图 5-32 所示。通过空间造型图纸直观表达建筑的空间形式、建筑的色彩、建筑的材质、建筑的设计风格与立意、建筑与环境的关系，如图 5-33 所示。

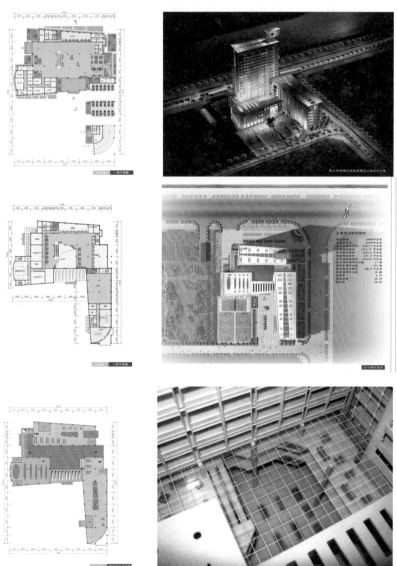

图 5-32

图 5-33

5.2.2 总平面、平面、立面、剖面、建筑造型空间草图纸绘制

在总平面、平面、立面、剖面、建筑造型空间构思草图基础上，要进行建筑功能草图绘制。它是建筑功能图纸精确表达的基础。

建筑功能草图的绘制要满足业主要求，要进行复核，要全面反映业主要求的建筑各功能空间。

合理进行各建筑功能空间的平面、剖面的空间划分、交通组织，建筑各功能空间的表达要具有真实性。建筑图形要有比例。

继承、发扬建筑设计构思，使建筑内部、外部、建筑环境空间的浪漫构思理性地、完整地展现出来。

各建筑功能空间图纸宜独立成图，为下一步使用仪器绘制图纸、合理进行建筑图面组合创造条件。

各建筑功能空间草图纸不仅是建筑师设计意图的自我表达，也是建筑师与合作者、业主进行交流、汇报、讨论的必备依据文件。

各建筑功能空间草图纸一般绘制在拷贝纸、硫酸纸、白图纸上。

5.2.3 建筑方案阶段总平面、平面、立面、剖面图纸的设计深度

任何建筑设计方案都渴望实施，建筑功能草图使建筑有了雏形，若使建筑具有可操作性，就必须对建筑功能草图进行量化，这就需要运用计算机辅助设计手段，对建筑平面、立面、剖面等图纸进行准确绘制和设计表达。

建筑功能图纸的设计表达可分为总平面、平面图、剖面图、立面图等功能图纸，各功能图之间，彼此联系、相互对应，共同完成建筑三维空间的表述。不同的图纸表达不同的功能需求。建筑功能设计图纸要求客观、精准地对建筑设计进行表达。

1. 总平面要表达的设计内容

总平面要表达建筑用地场地位置，与相邻场地关系，建筑红线场地位置与建筑用地场地关系以及建筑与建筑红线关系，总平面设计更要表达建筑本体和建筑环境布置内容，如图 5-34 所示。总平面设计表达应在建筑构思草图的基础上，按以下设计深度内容进行表述。

图 5-34

1）场地的区域位置

结合实际工程建筑定位提供地形图，分析基地用地线、用地红线、建筑控制线、社区道路关系。基地与道路相连接，以建筑控制线、用地红线进行划分，建筑建设位置以建筑控制线加以控制，建筑不得超出建筑控制线建造，建筑附属构件如建筑入口平台、踏步等，不得超出用地红线。

2）基地高程

基地高程应按城市规划要求确定的控制标高进行设计。基地高程宜高出城市道路的路面，否则应有排水设施。

3）基地道路出口位置

基地道路出口位置距主干道交叉口、自道路红线交点量起不小于 70m；距非道路交叉口的过街人行道边缘不应小于 5m；距公共交通站台边缘不应小于 10m；距公园、学校、儿童及残疾人建筑出入口不应小于 20m；基地道路出口至少有两个不同方向与城市道路相连；基地沿城市道路的长度不小于基地周长的 1/6。

4）场地的区域范围内设计内容

场地的范围的用地和场地的建筑物各角点，要以坐标或定位尺寸进行表达；场地内拟建道路、停车场、广场、绿地及建筑物的布置；表达场地主要建筑物与各类控制线（用地红线、道路红线、建筑控制线等）、相邻建筑物之间的距离及建筑物的总尺寸；表达用地出入口与城市道路交叉口之间的距离；表达场地主要建筑物的名称、出入口位置、层数、建筑高度、设计标高，以及地形复杂时主要道路、广场的控制标高。

5）场地内及四邻环境的表达

要表达建筑四邻原有及规划的城市道路和建筑物，相邻建筑用地性质、相邻建筑性质、层数等，场地内需保留的建筑物、构筑物、古木名木、历史文化遗存、现有地形与标高、水体、不良地质情况等也应表达。

6）指北针或风玫瑰图、比例。

7）根据需要绘制下列反映方案特性的分析图

功能分区、空间组合及景观分析、交通分析（人流及车流的组织、停车场的布置及停车泊位数量等）、消防分析、地形分析、绿地布置、日照分析、分期建设等。

8）标出图名、图纸比例、技术指标、指北针

总平面比例一般为 1 : 500，可用比例为 1 : 1000，编制技术经济指标表。

2. 平面要表达的设计内容

平面要表达图纸是建设单位关于建筑使用功能布置的图纸，反映建筑各功能空间的内容及相互关系，如图 5-35 所示。它应在建筑构思草图的基础上完成以下功能要求：

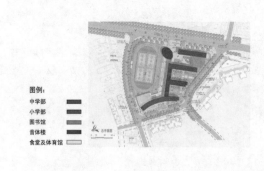

图例：
中学部
小学部
图书馆
音体楼
食堂及体育馆

1）平面设计要表达平面的总尺寸、开间、进深尺寸及结构受力体系中的柱网、承重墙位置和尺寸。

2）表达各使用功能房间的名称。

3）表达各楼层地面标高、屋面标高。

4）表达室内停车库的停车位和行车线路。

5）底层平面图应标明剖切线位置和编号，并应标示指北针。

6）必要时，要绘制主要用房的放大平面和室内布置。

7）表达绘制图纸的名称、比例或比例尺。

3. 剖面要表达的设计内容

剖面是表达建筑空间层次的图纸，平面图在剖面图的引领下，建筑平面具有了空间形态，如图 5-36 所示。它应在建筑构思草图的基础上完成以下功能要求：

1）剖面应剖在高度和层数不同、空间关系比较复杂的部位。

2）要表达各层标高及室外地面标高、建筑的总高度。

3）建筑若遇有建筑规划的高度控制要求时，还应标明规划控制最高点的标高。

4）表达绘制剖面的编号、比例或比例尺。

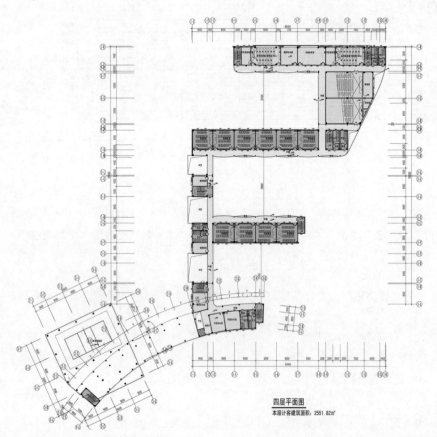

四层平面图
本层计容建筑面积: 2551.82㎡

图 5-35

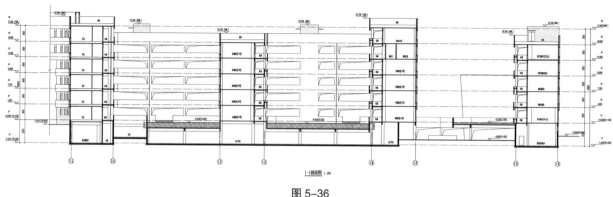

图 5-36

4. 立面要表达的设计内容

立面是表达建筑外表空间形态的图纸，平面、剖面使建筑具有了建筑空间形态，而立面使建筑具有了表情，有了人性化的特征，如图 5-37 所示。要在建筑构思草图的基础上完成以下工作内容：

1）要体现建筑造型的特点，选择绘制一两个有代表的立面；要有关于建筑材质、色彩的表达。

2）要表达各主要部位和最高点的标高或主体建筑的总高度。

3）当与相邻建筑（或原有建筑）有直接关系时，应绘制相邻或原有建筑的局部立面图。

4）表达绘制图纸的名称、比例或比例尺。

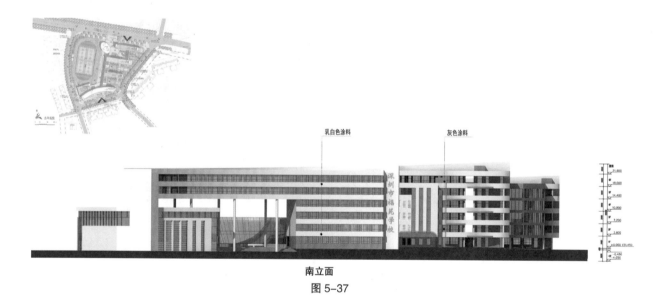

南立面

图 5-37

5.2.4 建筑总平面图、平立剖面图、空间造型图的艺术表现

建筑平立剖面图、总平面图等是建筑的功能性图纸，在满足设计深度内容基础上，要关注图面表达的艺术性，着眼建筑与环境的关系，在满足建筑功能表达的同时，为增加设计表现力，将建筑图形用建筑环境加以烘托，将图形空间根据不同的功能要求，涂以不同的颜色，增加建筑的表现力。建筑不同功能图纸体现艺术性表达时，要考虑的内容如下。

1. 总平面图的艺术表现

任何建筑都有其建设的用地，任何建筑都不可能脱离环境而存在。在进行建筑设计表达时，都必须绘制建筑总平面图，良好地表达建筑环境。艺术的表达总平面可以使人们充分体会建筑与环境的关系，了解建筑师的创作意图和构思脉络。

1）建筑所处的环境可分为自然环境和城市人工环境。表达自然环境要着眼于建筑与自然环境的有机联系，自然环境的表达往往大而丰富，体现建筑与自然的和谐共生。对于城市人工环境，重点表述建筑与道路、广场、绿化等人工设施的关系，新老建筑间的有机联系，以及建筑群体组合关系。

2）在表达自然环境方面，要有机组合建筑、山、水等要素，有的需要保持原样，有的需要整合改造，以衬托建筑，有的借助地形、地貌的不规则形状表达地面起伏、曲回，以活跃画面构图气氛，实现建筑与环境的完整统一。

3）实现建筑与环境的完整统一，应充分运用色彩渲染，通过色彩的颜色变化、饱和度变化、明暗变化，表达地面、水体、绿化、树木、建筑、阴影等要素，使画面艺术而有立体感，如图5-38所示。

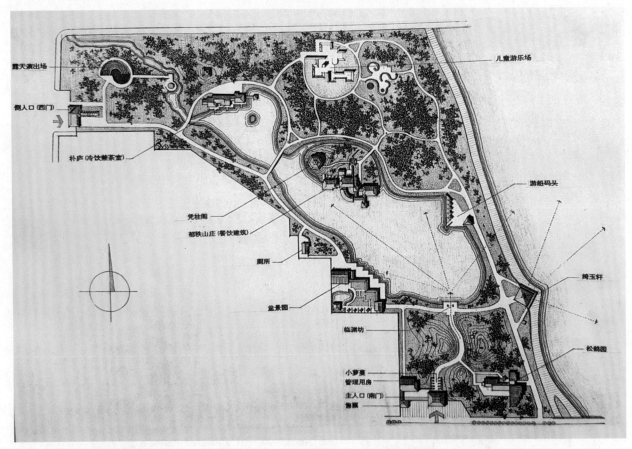

图5-38

在图面组合构图时，很多建筑表现组合图借用总图为背景铺底，叠加立面、剖面等画面，将许多零散图纸有机组成有机整体，如图5-39所示。

2. 平面图的艺术表现

在满足设计深度内容基础上，平面图要关注图面表达的艺术性，着眼建筑室内、外环境空间、使用功能表达，为此要考虑以下几个方面：

1）表达一层平面图，要涵盖外部环境，要充分重视一层平面在画面构图中的决定性作用，完美表达平面环境，为画面增色。

2）平面表达不仅停留在房间划分、结构体系表述、门窗设置，而且也要关注室内家具陈设、室外庭院空间，以及与室外空间关联的山体、水体、绿化、树木、广场、铺地、小品等要素。

3）平面表达要突出建筑主体内容，线条要有粗细，建筑主体轮廓要加粗，而环境要素往往要用细线给予弱化。平面各部分功能也经常涂以不同的颜色，以提高平面的艺术表现力。

4）平面表达内容，要符合建筑统一的比例、尺度，体现建筑与人的和谐美，如图5-40所示。

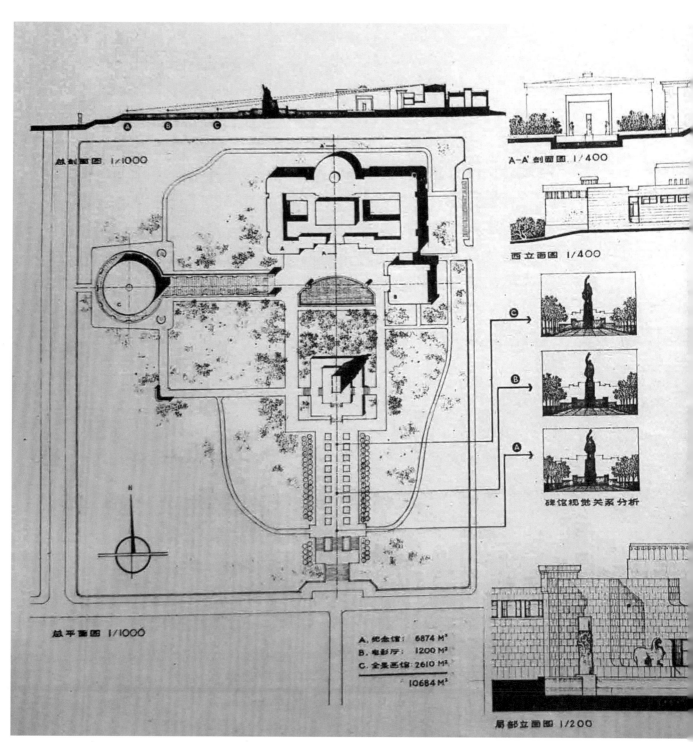

图 5-39

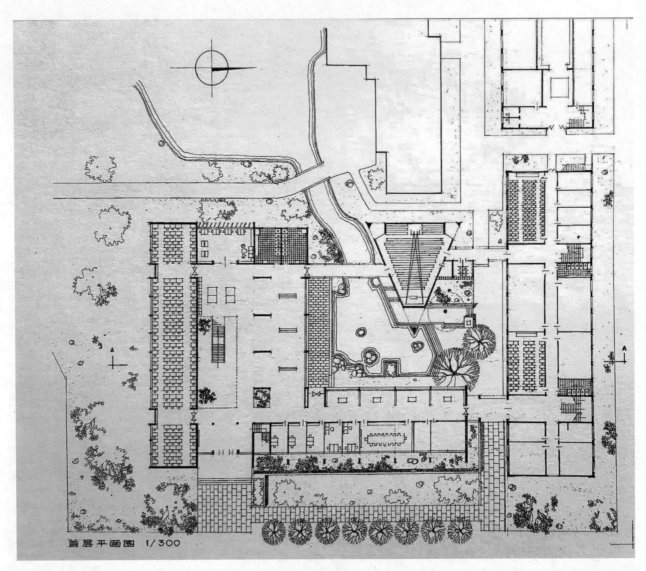

图 5-40

3. 剖面图的艺术表现

在满足设计深度内容基础上，要关注图面表达的艺术性，剖面图着眼建筑室内、外环境空间相互联系的表达，体现出空间的分隔、交流，空间的高低，空间的序列等要素，为此艺术表现剖面图要考虑以下几个方面：

1）剖面的位置选择，要体现出建筑空间的人流展开的序列，宜选择建筑入口、建筑楼梯、建筑厅室转换、建筑空间变化等处。如图 5-41 所示，剖面以不同的色彩区分不同的功能空间，图中黄色区域重点表现沿纵轴方向展开的内部空间序列。在进行剖面的设计和绘制时，应认真研究内部空间的组织和处理，并进行充分表达。

2）表述剖面时，要充分体现建筑空间的结构美。如完整表述建筑钢结构、框架结构、承重墙等。

3）表述剖面时，可以表达室内装修、陈设以求得画面的艺术性，完善设计构思的表达。

4）在剖面图中，剖断线要给予强调，明确空间的范围与周界。如图 5-42 所示，各功能空间涂以不同颜色以明确划分，着重表达庭院绿化、屋面绿化、室内中厅绿化、入口景观绿化的联系关系，反映内外空间的延续与过渡。

5）为提高剖面功能空间的尺度感和流动性，建筑师经常绘制剖面透视图以提高艺术表现力。如图 5-43 所示，剖面透视图将各功能空间关系一目了然，通过室内陈设、室外环境配置增强了空间的尺度感，这种表现形式令人耳目一新。

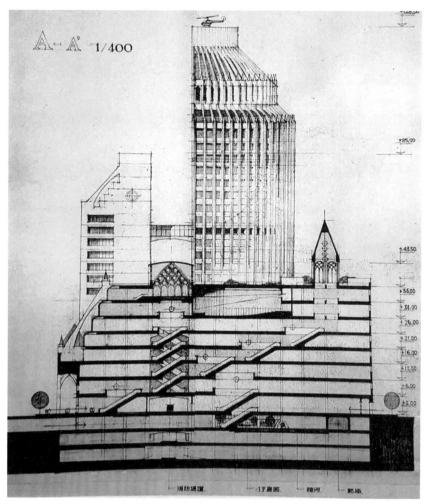

图 5-41

4. 立面图的艺术表现

在满足设计深度内容基础上，要关注立面图面表达的艺术性，为此要表达建筑以下几个方面的特征，如图 5-44 所示。

1）表达建筑的凸凹层次变化，展现建筑的、界面和层次。

2）表达建筑的光影变幻，展现建筑的体积。

3）表达建筑的虚实变化，体现建筑的主次关系，画面有重点。

4）表达建筑饰面的色彩与质感，使建筑生动、形象、逼真。

5）表达建筑总体与各部分之间要有清晰的建筑轮廓，重点部位要给予加粗强调。

6）要表述建筑的环境要素，如天空、绿化树木、人物、车辆、小品等，丰富建筑画面，体现建筑与环境的联系。有时为表达建筑水面环境，建筑师经常绘制水面倒影以表达水面波光熠熠，增强建筑的灵动性；有时将地面绘制透视，以增强建筑的景深感，丰富建筑画面。

5. 建筑造型效果图的艺术表现

建筑造型效果图可以直观地表达建筑创作意图和构思，为提高建筑的表现力，建筑师会围绕建筑创作意图对建筑造型效果图进行艺术夸张处理。

在进行建筑效果图的绘制时，建筑师经常考虑建筑的季节，往往通过夏、秋、冬季节变换处理，艺术地表达建筑与环境的融合关系，体现建筑的生命力，如图 5-45 所示。

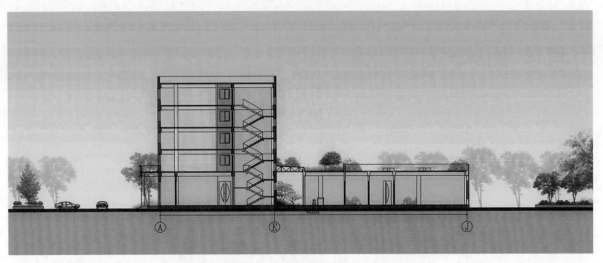

图 5-42

图 5-43

图 5-44

图 5-45

在建筑创作中，建筑师经常考虑建筑的地域性。在建筑造型效果图的绘制中，建筑师经常体现建筑鲜明的地域文化艺术性。如图 5-46 所示，建筑表达了江南地域特色，体现了江南水乡建筑的个性。

图 5-46

任何建筑都有着独特的建设地段，建筑造型效果图必然要反映建筑环境特点，努力使建筑与环境融为一体。如图 5-47 所示，建筑造型效果图充分表达了建筑与水的关系，建筑如同水滴一般融入水面，建筑晶莹、剔透、漂浮，如同梦幻世界，充分表达了建筑独特地段的建筑艺术个性。

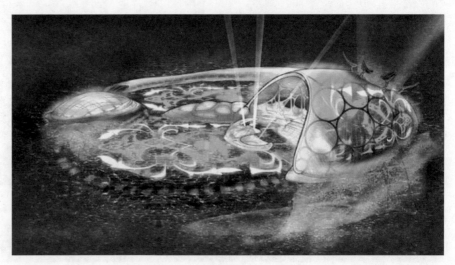

图 5-47

为满足人们日益增长的物质文化水平的需要，建筑创作是不断向前发展的。近几年来"绿色建筑"广泛受到重视，建筑创作更多地考虑建筑与环境的关系，运用建筑科学技术改善建筑室内外环境，提高建筑的舒适性，实现"以人为本"的设计林。如图 5-48 所示，建筑效果图充分表达了建筑与环境的关系，建筑设置亲水平台，屋面设置隔热景观绿化，运用"绿色建筑技术"使建筑与自然有机融合，使建筑更好地为人类服务。

图 5-48

近年来城市亮化工程日益受到瞩目,建设商日益关注建筑的景观照明,运用灯光照明技术体现建筑夜晚的美景,表达建筑的艺术性。如图 5-49 所示,建筑效果图通过夜晚灯饰效果的表达,充分体现人流串动、五彩缤纷、灯光闪烁的商业建筑个性。

图 5-49

建筑造型效果图的绘制要充分表达建筑的功能性质,让人们一目了然地了解建筑的个性。建筑是住宅还是商业,建筑造型效果图应给予充分表达,效果图对建筑气氛的烘托尤为重要。如图 5-50 所示,建筑造型效果图充分表达了建筑饰面,玻璃、金属、石材的材质特征,合理安排建筑商品广告,配置建筑人物、小品、光影等环境要素,烘托建筑氛围,体现了商业建筑的个性。

图 5-50

建筑之所以成为艺术品而不是使用机器，正是因为建筑从诞生之初就有着鲜明的灵魂和思想，建筑师在纪念馆、博物馆、剧场等项目的创作中更加关注建筑的立意，在绘制建筑造型效果图时势必要表达建筑的创意。

甲午海战馆建筑造型效果图如图5-51所示。这是一张手绘水粉效果图，建筑刻画细致入微，建筑环境氛围也刻意渲染，画面沉重、压抑、悲壮，表达了建筑创意的主题。建筑造型取材于舰船，从具象的形象中提取建筑语汇进行建筑创作，并与甲午海战馆功能主题相吻合。

图 5-51

总之，作为建筑师，要有建筑表现技法，善于绘制建筑效果图，艺术地绘制建筑平立剖面图纸。建筑初学者要消除建筑表达的经验论、神秘论、宿命论，大胆实践，大量阅读、分析建筑表现图案例并能临摹练习，用于建筑表现实践创作，及时总结，进而掌握建筑图的表达技巧，艺术地进行建筑表现图的绘制，更好体现建筑立意与构思，创造出业主满意的建筑作品，为社会服务，推动建筑艺术向前发展。

5.3　建筑室内造型艺术空间图

任何完美的建筑设计创意构思都是内部空间与外部空间的完美统一。室内空间同样要表达建筑的创意思想，应是室外空间的延续。如图5-52所示，美国建筑大师莱特位于亚利桑那州的建筑工作室，建筑外部空间与环境有机结合，建筑材料就地取材，室内空间延续室外空间的创作思路，无论是空间结构的形态、装修材料的选用，还是家具陈设，都力求质朴而原生态，努力与外部环境有机结合，使室外在室内得以延续。

绘制建筑室内造型艺术空间图时，室内空间要表达出空间正确的尺度感，有效表达光影艺术特征，考虑家具陈设的艺术风格，正确表达室内空间界面材质和色彩等室内空间设计处理的表现要素。室内空间设计要注重室内的建筑风格与气氛的表达，应使建筑外部空间与内部空间完美统一。

室内空间的图纸绘制中，家具的陈设可以使室内空间设计的意图更加明确，可以帮助建筑师把握建筑空间尺

图 5-52

度。为此要合理布置家具和陈设，避免空间比例失真。室内的家具陈设也是营造室内空间风格的主要构件。因此，在构思及绘图的过程中，应把家具的艺术风格作为设计表达的重点进行推敲与表达。

室内空间的图纸绘制中，室内光影的艺术设计会使室内的设计风格与气氛充满生机，为此要考虑各类光影的艺术效果，合理选用光源，加强设计构思与创意的完美体现。

绘制室内透视图时，要注意视点的选择，应该注意视点不要选取正中央的位置，这样的透视会让人感到呆板，构图过于对称。一点透视与两点透视相比更加简单，容易强调出空间感，将视点定为人的高度，会让人有一种身临其境的感觉。两点透视更好地强调室内空间的主体部分，更适合表现空间中的局部。无论哪种透视，都不要使视角过大而产生失真。

某欧陆风情住宅建筑室内效果图如图 5-53、图 5-54 所示。居住建筑室内空间客观详实地体现了欧陆风情的空间特征，建筑室内空间尺度适宜，室内家具布置风格、室内灯饰的选用，均体现了室内外空间设计的统一性和延续性。室内灯具的布置与光影的艺术处理突出重点，起到了画龙点睛的作用。

在进行室内空间透视图时，建筑师经常采用手绘的方式，快速捕捉设计灵感表达室内空间的立意构思。多画面的手绘室内空间构思表达可以有效帮助建筑师确定室内空间的设计方案，为室内空间计算机辅助绘制打下基础，如图 5-55 所示。

计算机辅助设计绘制的室内空间效果图，可以直观地表达室内空间设计效果，可以将室内空间材质、色彩、家具陈设、光影特征、艺术风格等表达得淋漓尽致，帮助建设单位确定室内设计方案，如图 5-56 所示。

室内书房效果图

图 5-53

室内主卧室效果图

图 5-54

1

2

1 图 5-55
2 图 5-56

5.4 建筑环境艺术空间布置图

建筑因需要而存在，因环境而美丽，应与环境有机融合而持续发展。建筑创作应良好地解决建筑与环境的关系。建筑环境布置空间应满足并表达以下功能需求：

1）建筑布置与邻里建筑、道路、环境之间要有确定性。一般来讲，建筑要与邻里建筑、道路保持平行或垂直关系。

2）建筑与邻里建筑要满足防火、卫生间距要求，使建筑具有可实施性。

3）建筑道路要满足防火要求，建筑道路要协调好建筑广场、广场停车、广场绿化的关系，满足建筑使用、运营的功能要求。

4）提高建筑环境的人性化特征，应具有艺术性，要达到建筑与环境和谐共生，使建筑可持续发展。

某建筑总图如图 5-57 所示。总平面布置表达了建筑用地范围、建筑与邻里建筑通过平行、垂直角度来明确建筑间的对位关系，建筑与用地道路、广场、停车、休闲庭院、点线面绿化等要素通过建筑色彩、形象化艺术处理充分地表现出来。这种表达方式明确了建筑与地段的空间环境的关系，使建筑融于建筑空间环境中。

在进行建筑环境空间表达时，建筑师经常绘制环境景观节点，清晰明确地表达环境设计意图和效果。

居住庭院、公共建筑庭院环境设计如图 5-58 所示，充分体现了人性化的艺术特征。通过微地形的景观设计，设计了小桥流水，有效进行了植物配置，布置了艺术花池、休闲座椅、亲水平台、遮阳廊架，并运用合理的尺度比例、材质色彩、疏密对比、动静对比等美学规律，真实、清晰、艺术地表达出来，让人们可观、可触、可听、可嗅，给人以和谐社会、美好家园的精神享受。

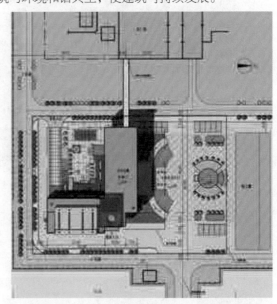

图 5-57

图 5-58

5.5 折叠的范斯沃斯——水边会所的建筑表达

5.5.1 设计构思来源与内在特征

水边会所坐落在盐城大洋湾的一条小河边。河水清静，芦苇随风飘荡，河中小岛与基地遥遥相望。场地宁静、纯粹而赋有诗意。设计者在力求不破坏原有场地气氛的前提下，将建筑悄悄引入，如图 5-59 所示。为了使身处建筑中的人能够在建筑内与环境形成最亲密的接触，设计者想到了现代建筑设计大师密斯设计的范斯沃斯别墅的空间形式，并按大师的理论和理想主义特征，展开建筑创作。

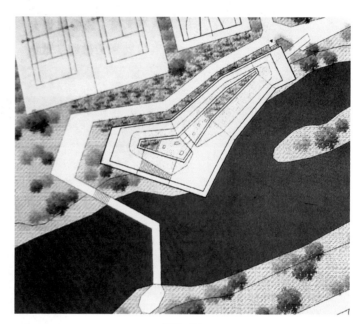

图 5-59

1. 设计构思的来源——范斯沃斯别墅

范斯沃斯别墅所处环境同样是悠然纯净、没有经过雕琢的自然空间。茂密的植物随着季节的变换给人带来无限的遐想与留恋，如图 5-60 所示。为使建筑不破坏环境，同时与环境尽可能融合，让建筑的使用者能够尽情地接触自然、享受自然，密斯选择了一个外形纯粹简洁的玻璃盒子作为设计的主体。建筑从侧面看是由薄薄的地面和屋面板组成，中间由白色的细柱支撑，远观好似两片白云在林中漂浮。为了使室内外空间有机结合，建筑的四周都是透明的玻璃，甚至可以透过建筑看到对面的环境，使建筑显得轻盈而通透，如图 5-61 所示。

图 5-60

图 5-61

2. 建筑设计构思的形成

1）建筑造型

在范斯沃斯别墅的启发下，设计者找到了构思的出发点，并结合基地形式，将近似"范斯沃斯别墅"的方形空间进行拉伸、环绕、折叠等变形，如图 5-62 所示，获得建筑小进深，使建筑更具通透性，形成内院，丰富了建筑的空间和景观层次，最终形成了亲水性极强的建筑空间以及可利用的活动和观景的屋面空间。建筑的透明处理使建筑的物质化被消除，代之以流动和通透，生活其中的人们融入外部自然环境中，如图 5-63 所示。

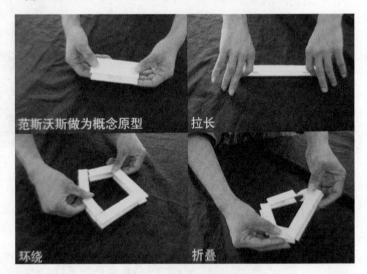

范斯沃斯做为概念原型　拉长
环绕　折叠

图 5-62

图 5-63

2）建筑与环境

为了使建筑与现有基地有机结合，并且形成亲水性，建筑师将建筑平面沿着堤岸向水中延伸，随着地势的高低形成立面的高差变化。为了避免建筑进深过大，使空间变得压抑，将建筑平面形成带状环绕空间，将自然植被引入中间的庭院，使环境产生渗透与穿梭之感，沿着坡道漫步在屋顶花园，绿色的植被像花瓣一样撒落在白色的屋面上，使建筑好似是破土而出的自然中的一部分，如图 5-59 所示。

5.5.2 建筑分析图

建筑各功能草图是建筑设计构思、建筑分析的方案延伸和拓展，是建设单位设计任务要求的具体体现。建筑功能草图绘制表达，是建筑方案设计的开端和必经过程。

在这一过程中，要落实建设单位的建筑使用功能要求；延续地域设计文脉；有效协调建筑与环境共生关系；表达建筑内部空间关系，满足建筑外表空间形式美的需求；运用新技术、新材料体现人性化的设计理念，建筑低碳、环保；重视建筑的运营、维护和可持续性。

通过对建筑功能分析、交通流线分析、建筑造型分析、建筑地基分析、建筑结构选型分析等功能草图的绘制（图5-64~图5-66），实现了建筑以曲折的形态在丛林和水岸边自然行走，时而抬起，时而轻浮水面，给人们不同高度、不同视角的体验，创造了建筑与场地以一种"轻柔"的姿态相接触和包容的形象，实现了建筑与环境惟妙惟肖、恰如其分的融合。建筑在这里既是景观节点，又是被观赏的景观。

建筑地处河岸，地基是天然的软弱地基，建筑结构桩基础的选用使建筑架空成为可能，建筑师选用合理的结构形式加强了建筑的轻盈感。建筑材料如透明玻璃、白铝板、清水混凝土挂板、洞石地面、室内半透明夹丝玻璃隔断等，增强了建筑的纯洁性，使建筑真正漂浮于环境中，如图5-67所示。

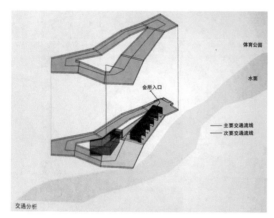

图 5-64

图 5-65

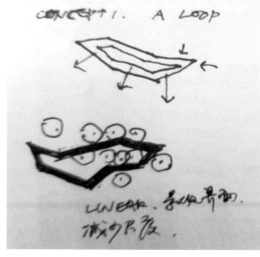

图 5-66

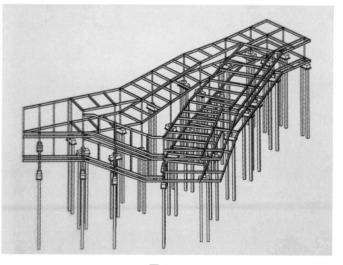

图 5-67

5.5.3 平、立、剖、总图功能图纸表达

在建筑功能草图、分析图基础上进行建筑平、立、剖、总图功能图纸表达。水边会所建筑项目建筑功能性图纸如图 5-68、图 5-69 所示。建筑师运用计算机辅助设计手段，对水边会所建筑项目进行了精确表达，为增加图纸画面的表现力，也对建筑环境进行了表达。建筑师将不同的功能空间涂以不同的颜色，用于明确划分功能空间，在环境空间中，进行了绿化植物、人物、小品配置，体现了人与自然环境的和谐共生关系。

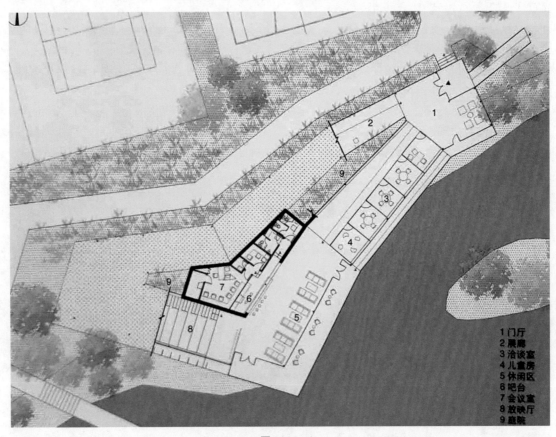

1 门厅
2 展廊
3 洽谈室
4 儿童房
5 休闲区
6 吧台
7 会议室
8 放映厅
9 庭院

图 5-68

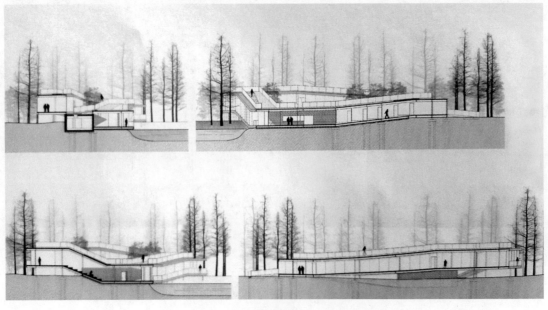

图 5-69

5.5.4 建筑空间的完整表达

为全面表达建筑设计意图和设计构思，提高建筑图纸表现力，建筑师往往要绘制建筑外部和内部空间表现图。为使建筑具有可实施性，建筑师往往要构建建筑结构与设备的空间模型，运用数字化设计手段进行建筑空间展示，预知建筑建成后的空间效果，进行建设项目图纸设计决策。

1. 外部空间展示

水边会所建筑外观实景照片如图 5-70、图 5-71 所示。画面展示了建筑场地平整开阔的环境，蜿蜒曲折、起伏眺望、水岸漂浮的建筑姿态。建筑在丛林与水岸边顺其自然地游走，通透的玻璃让身临其境的人们在建筑中尽情享受自然带来的湖光山色。

1

2

1　图 5-70
2　图 5-71

2. 内部空间展示

　　水边会所建筑室内实景照片如图 5-72 所示。建筑的带形环状平面形式，创造了室内的流动空间，再现建筑大师密斯的建筑流动空间的艺术特征。随着空间的起伏升降，功能随之改变，也增添了空间的层次感。透过宽敞明亮的玻璃窗，可以观赏到庭院空间、外部空间景色，丰富了建筑内部景观，形成建筑内部步移景异的空间特色。

图 5-72

3. 建筑空间与结构技术的统一

建筑师合理地选用桩基础、轻钢结构形式，实现了建筑形态的艺术化与结构技术的完美统一。在结构构造层面上，结构师按建筑师的意图将楼板、梁、柱构造截面的构造尺寸控制到最小，实现建筑轻盈、漂浮、流动的艺术特征，如图 5-73 所示。

图 5-73

5.6 建筑画面的构图

在进行建筑画面表达时要考虑建筑与环境的完美统一，建筑画反应的是建筑建设的特定场面，场面环境的选取应具有客观性、典型性，能够代表建成后的实际效果。一幅建筑画是否完美统一，取决于建筑画面构图。在进行建筑绘制时，要根据建筑形象特点，选择合适的环境建筑和建筑配景，与主体建筑间形成有效的建筑构图。

5.6.1 均齐与平衡

1）合理设置建筑画面容量。建筑过大，画面太小，会有容纳不下主体建筑、拥挤局促之感。反之画面空旷而不紧凑。

2）合理安排建筑在画面中的位置。过于居中使人感觉呆板，一般微中略低能使建筑比较均衡疏朗。

3）建筑透视图地平线要根据表达内容适当选取。视点高，地面看得就大。一般地面不宜看得过大，地面过大，不易处理，处理不好，画面会空旷、单调。

4）合理设置建筑配景，要考虑建筑画面的平衡与轮廓线，避免与建筑轮廓线相一致。

如图 5-74 所示，建筑画面均齐，高耸的雪山、挺拔的建筑与山脚下绵延的深林，竖向与水平对比，取得一种平衡，画面丰满雄浑。

图 5-74

如图 5-75 所示，画面构图采用斜向排列构图，大面积留空，天空的渲染表达了肃穆、崇高、庄严的艺术特色，突出了建筑本体的垂直与水平构图的感染力。画面星星点点的人物，使建筑有了活力。

图 5-75

5.6.2　排列与形式

构图的排列是表现各个部分任意的排列组合与内在联系的规律性、秩序性，构图的秩序性排列是由构图的不同骨架组合而成的。不同骨架可概括为以下八个方面。

1）垂直与水平形式的排列秩序如图 5-76 所示。

2）三角形形式的排列秩序如图 5-77 所示。

3）S 形旋转形式的排列秩序如图 5-78 所示。

4）十字交叉形式的排列秩序如图 5-79 所示。

5）中心位置形式的排列秩序如图 5-80 所示。

6）竖横向形式的排列秩序如图 5-81 所示。

7）圆弧形式的排列秩序如图 5-82 所示。

8）斜向形式的排列秩序如图 5-83 所示。

1	2
3	4
5	6
7	8

1　图 5-76

2　图 5-77

3　图 5-78

4　图 5-79

5　图 5-80

6　图 5-81

7　图 5-82

8　图 5-83

5.6.3 主次与面积

1）画面由几个部分组成，包括主体建筑、辅助陪衬建筑以及配合画面效果的近景与远景，但不能平均对待，画面构图要求突出主体建筑，减弱其他部分，画面构图要注意主次和虚实变化。

2）构图要素的面积处理与构图要素主次有很大关系。构图要素的面积处理是指运用视觉面积对比手法，使画面产生艺术效果。构图要素是指画面中的点、线、面等要素，要正确处理这三者的主次关系。点在画面构图上是富于灵活变化的，点过多就会因缺少统一而杂乱；线在画面构图上起连续作用，合理使用，画面有流动感；面在画面构图上面积较大，它的运用会使画面浓重整齐，具有统一性。

3）建筑画的点、线、面的排列、组合、布局没有一定的规律，可根据主题内容沿构图骨架安排布局，因势利导，使画面构图平衡和完整。

如图 5-84 所示，建筑画面延水平方向的秩序排列，重点刻画水平中景环境，中心刻画前景雕塑，而对远景环境建筑弱化处理，前景以浓彩点缀人物，整个画面重点突出、虚实得当、生动活泼。

如图 5-85 所示，建筑师把主体建筑、辅助陪衬建筑和配合画面效果的近景与远景，斜向排列开，主体建筑在画面占据中心位置，给予大比例面积，重点渲染，辅助陪衬建筑弱化表达，人物、花草零星点缀建筑画面，整个画面虚实处理明确，建筑环境要素烘托主体建筑，体现了建筑与环境的完美统一。

图 5-84

图 5-85

5.7　建筑画面的构成组合

一张建筑画面组合表现图应作为整体灵活、统一地加以考虑。建筑组合画面要有统一的设计意图、统一的构图和统一的色调、统一的建筑绘图表达技巧。建筑画面组合要结合建筑方案特点体现出一定的艺术独特性，画面组合处理要表达一定的建筑设计意图和思想性，要突出重点，强调统一变化。

5.7.1 建筑版面设计组合的统一性

在一般情况下，一张建筑图是分析图、总平面图、平面图、立面图、剖面图、透视图等的组合。在绘制建筑版面组合图时，版面组合图纸是多张的，这就需要巧妙组合建筑分析图、总平面、平面图、立面图、剖面图、透视图，才能获得令人满意的效果。在进行建筑版面组合图绘制时要注意以下几个方面：

1）在绘制建筑版面组合图时，要根据图纸内容确定统一的图幅。一般考虑 A1 号图纸。

2）在绘制建筑版面组合图时，要协调统一字型字体和字体高度，避免失衬。一般讲，字型不宜超过三种，字高也不宜超过三种，按照标题、图面、说明顺序逐次减小。注意字体字型、字高在画面中不要喧宾夺主，要起到陪衬作用，字体在画面中的位置要统一得当。

3）绘制建筑版面组合图时，要有统一的建筑版面组合思想，可以自由式布置，如图 5-86 所示；可以延续中国传统绘画"田园写意"般布置，如图 5-87 所示；也可以按"构成主义"绘画构成方式进行建筑设计版面组合，如图 5-88 所示。图纸中的各建筑图要合理构成，体现艺术设计气息，使其具有感染力。

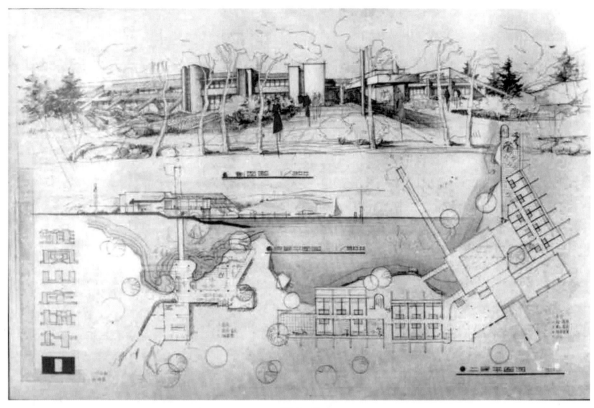

图 5-86

图 5-87

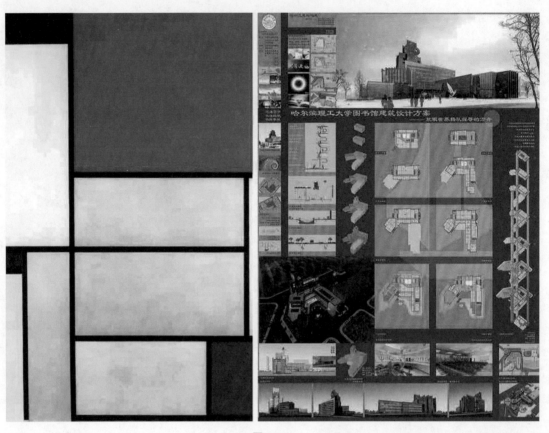

图 5-88

4）在绘制建筑版面组合图时，画面的各组成图纸要保持色彩、风格统一。颜色搭配考虑间色，色彩纯度不要太高，保持一定灰度。

5.7.2　建筑设计版面组合的统一变化

一张版面设计组合图上，要体现设计的理念，重点突出，有震撼力，这就要运用画面构成原理、画面色彩构成原理，进行各组合图纸的艺术设计。要考虑图纸图形形式的重复、渐变、对比、特异、发射、密集等构成方式和色彩构成的调和、象征、表情与想象等要素，要有统一中的变化。

建筑设计版面组合图如图 5-89 所示。建筑画面对比强烈，平面图和立面图通过浩瀚的天空有机结合在一起，大面积的绘图底色使建筑画面统一协调起来。建筑构思语汇的说明片段点缀画面，使整个画面灵动，富于思想性。整个建筑设计版面组合画面给人以象征主义、超现实主义的机械美，体现了与众不同的艺术表现力。

关于建筑设计版面组合图的统一变化，要考虑以下要素：

1. 建筑设计版面组合的主从关系

一张建筑设计版面组合图上，往往要有多个表现图形，在保持组合画面构图完整性的同时，要考虑各组成画面的主从关

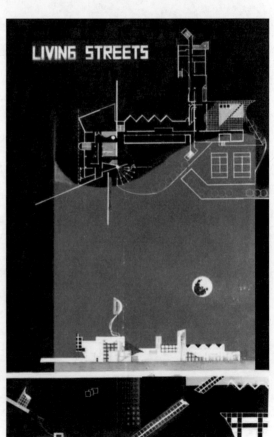

图 5-89

系，合理安排各组合画面的面积大小，避免各组合画面主次不分、平均对待。如图 5-90 所示，建筑设计画面组合图体现了画面组合的主从关系，上部建筑方案设计画面组合图以立面效果图作为主要画面，而下部建筑方案设计画面组合图以一层平面作为主导，精心刻画。两个建筑方案设计画面组合图组成关系明确统一变化。

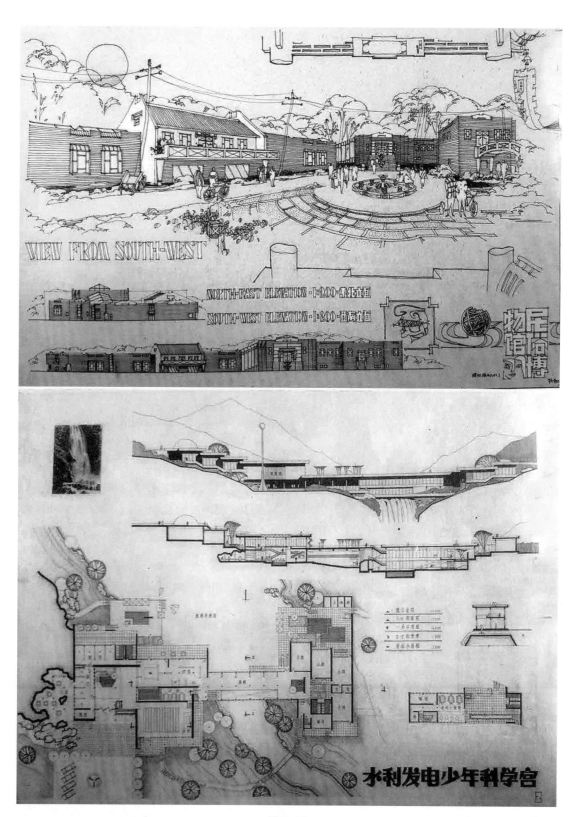

图 5-90

2. 建筑设计版面组合的疏密关系

在建筑设计版面组合绘制时，经常会运用绘画构图技巧。传统绘画讲究构图的疏密关系对比，同一张图纸上有几张功能图纸，建筑设计版面组合的疏密排列使组合画面豁然开朗。如图 5-91 所示，建筑设计版面组合图疏密得当，建筑师将画面右下角留白，不布置建筑图形画面，以环境要素加以点缀，这样的处理使画面产生对比的效果，画面各图形位置得当，相互补充，相得益彰。

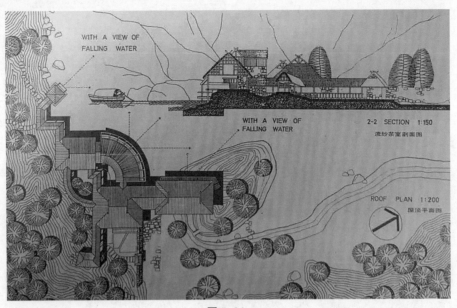

图 5-91

3. 建筑设计版面组合的突出重点

在建筑设计版面组合图绘制时，画面要有精彩之处。画面组合要突出重点，避免把同一类图纸布置在一张画面上，否则画面会很单调；画面要求得色调统一变化，运用色彩对比来突出中心画面；画面运用图形的对比，考虑旋转、穿插、交织、韵律，达到突出重点的效果。

中心画面重点刻画，从属画面合理表达，力求烘托重点，使整体画面重点突出。

如图 5-92 所示，上部建筑设计版面组合画面运用中心部位重点刻画的方法突出画面重点，总平面图、剖面图、鸟瞰效果图表达设计意图，将建筑的空间层次、环境特征、外部表情淋漓尽致地表达出来，而将平面图施以淡色，简洁明确地表达，画面取得了重点突出的组合效果。下部左方的建筑设计版面组合图运用构成主义绘画的表现形式进行画面图纸的组合排列，为突出重点，将轴测图设置与画面中心位置，通过色带的穿插交织有机地与其

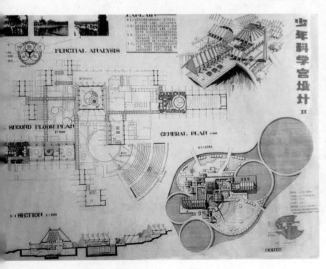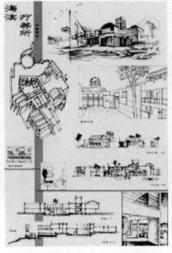

图 5-92

他功能图纸组合在一起。下部右方的建筑设计版面组合画面有序自由排列，在突出立面透视图的同时，运用色彩变化处理来丰富画面，使画面重点突出。

5.8 "休闲驿站——茶室"设计表达——设计方案图面版面设计

1）形成"休闲驿站——茶室"设计方案的建筑设计方案，绘制总平面、平面、立面、剖面草图。

2）建立"休闲驿站——茶室"设计方案的建筑 2D、3D 工作模型。运用建筑形式美的规律，对建筑设计方案进行建筑空间推敲。

3）进行休闲驿站——茶室"设计方案的建筑 2D、3D 工作模型讨论，相互借鉴，学习提高。优化建筑设计方案，确定建筑 2D、3D 工作模型。

4）学习相关建筑规范，运用规范完善建筑设计方案。

5）优化确定"休闲驿站——茶室"设计方案草稿，形成建筑设计方案版面设计。

6）成绩评定，见附表 B。

PART 6
建筑设计构思表达的
主要手段和技巧

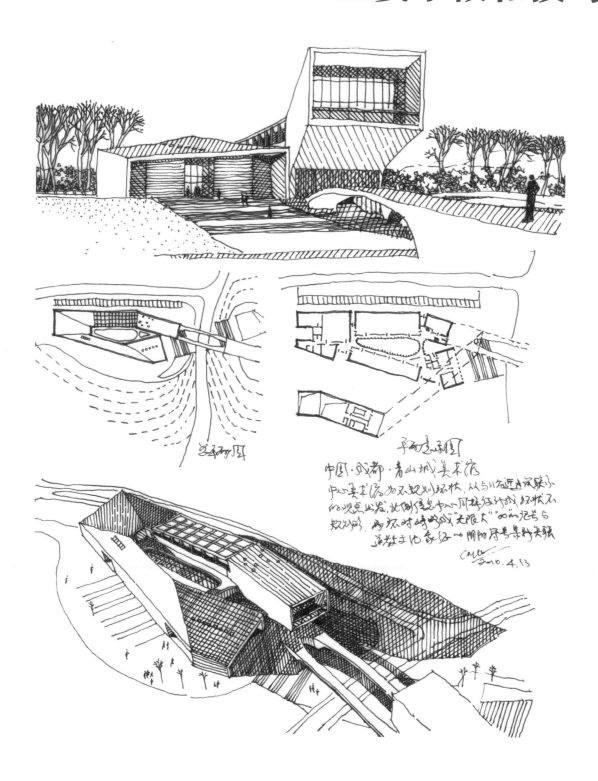

平面意象图

中国·成都·青山城美术馆

以山美术馆为不规则环状，从与山告近中减联小的观点出发，此案从意中心肝椎现行成环状不规则形，两环对峙略成"无限大"∞的记号与道教圣地象征一个阴阳用号有看关联

CMW
2010.4.13

良好的建筑快速设计构思的表达，有赖于良好的表达手段和技巧。常用的建筑设计创意构思的表达手段有淡彩、钢笔、马克笔、计算机辅助设计。

无论哪种表达手段，都有其技巧，建筑创意和构思最终是以建筑画体现的，其重点是表达建筑形象，对于建筑形象的描绘，有其章法可循，有着程式化的步骤。

在计算机辅助设计飞速发展的今天，建筑快速设计构思表达仍然有赖于钢笔、马克笔的表达工具。它们是计算机辅助设计的基础。计算机辅助设计手段是建筑快速设计构思的延伸和提高。

6.1 建筑画的绘画原理

建筑画属于艺术范畴，和美术画有着共性标准，建筑画注重建筑形象的表达，建筑造型规律服从美学规律，绘图技法与美术画技法相同，在进行建筑绘画之前首先要确定建筑画面基调，集中精力安排好画面的整体大关系，要多画面地比较，确定基调之后再进行建筑画的绘制。建筑画的绘制原理步骤可概括为以下几个方面。

1. 绘制建筑轮廓

在确定建筑画面基调之后，就要准确绘制建筑轮廓，建筑没有准确的轮廓就不能正确表达建筑形象。建筑轮廓表达的不仅是建筑的外表形体结构，而且也包括建筑内部空间的转折变化关系。表达建筑轮廓要符合透视学的基本原理，一般用线描的方式，运用线条的粗细表达建筑的层次、绘画的中心与附属，表达设计构思意图。

2. 表达建筑光影作用下的明暗

在建筑绘画中，一般多假定建筑物在确定的阳光下，表达光影对建筑物的明暗变化关系。没有明暗，建筑便没有体积，建筑各面要区分明暗，塑造建筑形体。在具体的体面表达时，要表现出光影的退晕变化关系，使建筑更加生动。在建筑体面的绘制过程中，要注重门窗的表达，由于地面的发光，门窗部位的阴影一般阴浅而影深。

3. 表达建筑材料的色彩和质感

建筑体面不但要表达光影的退晕变化关系，而且还要按建筑设计构思要求，对建筑饰面材料的材质、色彩进行表现。注重建筑表达的笔法技巧的运用，材质、色彩不同，笔法和颜色不同，使建筑表达贴近现实，画面栩栩如生。

4. 建筑画面运用虚实处理和明暗变换突出重点

在建筑绘画表达时，对建筑的各部位不能平均对待，要有主次和重点，要突出主题，形成虚实变幻，使建筑画充满艺术效果，实现建筑的艺术性。

5. 建筑画面完美构图，配景烘托建筑

建筑生长于环境，建筑与环境应是和谐统一的。在建筑表达时，要体现环境，运用环境要素，烘托建筑主体，要适当表达天空、地面、树木、人物、绿化、远山、近水、车辆等环境要素。在表达环境时，要注意环境要素的比例、尺度，要符合人的尺度特征，使环境要素更好地衬托建筑主体，充分体现建筑与环境的有机融合，反映环境艺术设计内容。

6.2 色彩建筑效果图绘制技巧

1. 确定建筑画面基调

在绘制建筑画之前首先要确定画面基调,通常绘制小色稿。小色稿是把头脑中的构思以画面的形式表达出来,要多画面的绘制,每个画面的绘制要抓住画面整体效果和建筑师的瞬间灵感,然后在小色稿的基础之上进行画面色调和创作意图的推敲,确定最佳绘画方案。

图 6-1 所示为山东平度公园入口门卫建筑小色稿。为使建筑具有最佳表现力,在正式绘画前,建筑师提出了 12 幅不同色调的小色稿,体现了严谨治学的工作态度与创作热情。画面绘制排除了对建筑细节的推敲,注重画面大关系,提高了绘画的主动性和画面艺术感染力。

图 6-1

2. 天空的绘制技巧

为使天空高远穹隆,天空的绘制要自上而下做明度和色相的退晕变化,如图 6-2(a)所示。轮廓简练的建筑,天空常饰以云彩,云彩要有虚实变化,但不宜强调云的体积,如图 6-2(b)所示。当建筑外形透视坡度过大或过长时,可利用相反方向的云彩来平衡画面构图,如图 6-2(c)所示。为缓冲画面上因高层建筑带来的过于单调的竖向感,天空的云彩可选用迂回的之字形构图,如图 6-2(d)所示。要结合建筑造型来表现云彩的动态美,如图 6-2(e)所示。一点透视建筑画的天空云彩常用水平方向的云朵,以加大画面的开阔感,近处云朵近乎团状,而远处云朵因透视原因而为带状,云朵要做近实远虚的效果,如图 6-2(f)所示。

用淡彩湿画法绘制云天可使天空生动逼真。一般是先用清水洇湿天空云形画面,待画面半干后,按云的态势铺色,铺色要考虑天空的层次、冷暖变化,利用画面纸张干、湿着色不同,扩散效果不同的特点,表达云天效果,如图 6-2(g)所示。

图 6-2

3. 建筑表皮大面的绘制技巧

1）涂底色。

2）涂天空，区分出主体建筑。

3）涂大面分受光与次受光面、暗面，涂次受光面、暗面和阴影，大面包含门窗。表达建筑空间的转折关系。

4）涂色要有退晕变化关系，表达建筑的光感。退晕要考虑环境的影响，色彩要有冷暖变化。

建筑表皮大面的绘制技巧如图 6-3 所示。

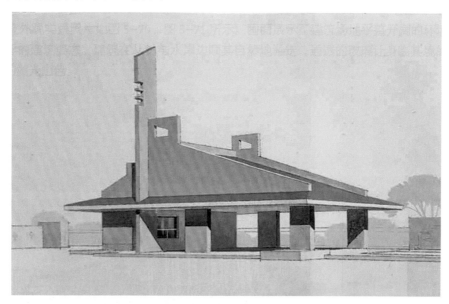

图 6-3

4. 建筑表皮小面的绘制技巧

分出各小面的层次，表现出材料固有色，运用退晕渲染表达出材质的光感效果，受光面要留出高光。小面可概括为坡屋面、掩口、窗洞口、栏杆、台阶、平台、烟窗等建筑构配件。建筑表皮小面的绘制技巧如图 6-4 所示。

①画乱石墙的方法示意　　②画清水砖墙的方法示意　　③画陶瓦屋面的方法示意

图 6-4

5. 建筑表皮细部的绘制技巧

表现出门窗划分、材质纹理划分。要表现建筑饰面材料的质感。建筑表皮细部的材质绘制技巧如图 6-4 所示。

在画小尺度的乱石墙时，先铺底色，然后用不同深浅的颜色逐块填出每块石头，并留出高光，用较深的颜色，勾出重点部位阴影。绘制墙砖、瓦屋面的方法步骤与石墙绘制雷同。

6. 建筑画面地面的绘制技巧

在绘制建筑环境地面时，要预先策划好地面受光面、水平带状阴影和地面倒影。地面受光面绘制建筑倒影可丰富受光面的色彩；水平带状阴影一般在地面画面 1/3 处，外形简单而有变化，并做近暖而远冷的退晕；地面倒

影与建筑各部位对应，但一般只对建筑受光面倒影，并应减少层次；受光地面的倒影明度高于受光地面亮色，阴影中的倒影明度应高于阴影而低于受光面的重色；要注意水平阴影和垂直倒影的连贯性，使地面产生色彩淋漓的透明效果。

绘制地面时常有绿化草坪，草坪的绘制应表现斑驳如茵的效果。草坪首先要划分出远近、受光与非受光和落影。绘画时要近实远虚，受光部要用浅色做近暖远冷的退晕处理，用重色处理暗部和落影，暗部和落影同样近暖远冷，落影的形状视构图需要而定。绘画时，建筑师经常用水平向间断不等的点、线做质感处理，分出几个明度层次，近实远虚，并做出草坪厚度处理，如图 6-5 所示。

图 6-5

对于临水建筑，建筑会在水中有倒影，绘制倒影可丰富建筑画面，取得良好的图面效果。绘制水中建筑倒影时，倒影因微波的影响或扭曲变形，或受片片带状涟漪干扰，或在边界杂以点点天色反映，如图 6-6 所示。

图 6-6

用水彩画水中倒影步骤方法是先铺水面底色，待底色干后绘制建筑水面倒影，然后运用左右笔触表达水面波光熠熠，待画面干后，用橡皮擦出画面水面反光，如图 6-7、图 6-8 所示。

图 6-7

图 6-8

7. 建筑配景的绘制技巧

为使画面丰富、生动，要绘制树木、人物、车辆、小品、相关联的环境建筑等建筑配景，有时在建筑主体受光面也适当添加环境光影。绘制配景要运用色彩表达退晕技法，反映出建筑外部空间的层次变化，良好地衬托建筑。对于建筑配景的刻画要适当，不能喧宾夺主，如图 6-9 所示。

图 6-9

1）色彩树木画法

建筑画上的树木，或近或远，或高或低，均要服从建筑设计意图和画面构图需要。树木要表现适度，陪衬建筑，如图 6-10 所示。

树木画法可概括为轮廓平涂概况法、枝干略加树叶树木画法、枝干法。

绘制树木，首先要推敲绘制树木姿态、轮廓，涂色应退晕。树的受光面应浅些、暖些，背光面应重些、冷些。待颜色快干后，涂上树木的明暗交界处、阴影等部位。

绘制树木树干时，要体现树的姿态，树干不宜过直，树干上细下粗，树枝上密下稀。为表达光影作用，树干左右，一部分浅，一部分深；树干上深下浅、上冷下暖，表达出树干的光影、纹理、质感。

建筑画面中往往有不同层面的树木，如远景树小、中景树木、近景树木。绘制树木时，为不遮挡建筑，往往前景树树叶要少，背景树树叶要铺色面，建筑配景树往往体现装饰性，绘制程式化，起到烘托建筑即可，如图 6-11 所示。

2）绘制人物

建筑画面人物起到表达建筑尺度的作用，合理恰当绘制画面人物，可以使画面逼真、生动、活泼。绘制人物不要过分突出，要图案化，要注意人物的比例、环境尺度，要结合建筑地域性、时代性、建筑的性格正确表达人物的姿态、气质，否则建筑画面就会弄巧成拙，如图 6-12 所示。

图 6-10

图 6-11

图 6-12

6.3 钢笔表现形式

6.3.1 钢笔速写的优点

1. 钢笔速写是建筑设计表达的方法与手段

钢笔速写是建筑设计表达的方法与手段之一，也是作为建筑设计者应具备的一种技艺。钢琴演奏家需要苦练基本曲目，从中体会乐曲的情感，练习演奏的技巧，从而进行音乐创作与个性化的演奏。歌唱家除了具有一副好嗓子，还要苦练唱功，进行气息的基本功训练，达到灵活使用演唱技巧的目的。建筑大师能够在短时间内，用简单的绘图工具表达设计意图，能够现场与甲方沟通，更改与完善方案，靠的是多年的速写与徒手表达的练习。因此，无论从事什么职业，基本技艺的熟练掌握乃至灵活运用对今后事业的发展与开拓创新都起到了至关重要的作用。

建筑钢笔速写如图 6-13 所示。钢笔的表现形式具有刻画形象细腻深入的特点，图中运用钢笔的建筑表现形式，深入刻画了种类多样、茂密的树木，倒影婀娜的池塘，体现了建筑与环境的和谐统一，表达了林区建筑的地域特色。

图 6-13

2. 钢笔建筑速写简便的徒手表达会给设计者带来灵感

钢笔速写是建筑师的基本技能，很多优秀的建筑师都对钢笔速写情有独钟，是钢笔速写的高手。现在的学生大多喜欢用电脑作图，电脑作图的准确明晰有助于方案后期的绘制与确定。但是，在方案的设计与修改阶段，简便的徒手表达就会显得尤为便捷，可能不经意间的某个徒手线条就会给设计者带来灵感。而电脑绘图时，设计者想的更多的是精确的尺寸与软件应用的命令，限制了设计者的创作思维。

建筑钢笔速写如图 6-14 所示。建筑为天津大沽保卫战纪念馆，设计者从隆隆的炮声、爆炸的碎片中得到设计灵感，运用钢笔建筑速写快速、灵活的特点，快速记录下思想轨迹、创意理念，并进行建筑设计构思特征分析。

3. 钢笔建筑速写会提高自身的审美能力与创造能力

钢笔速写常常被学生误解为是在画画,的确凡是优秀的建筑师几乎都对绘画感兴趣。但不同的是,建筑师练习钢笔速写的目的是通过对建筑及环境的勾画,从中体会什么是好的,什么是美的,以此提高自身的审美能力。同时,绘画的过程将有助于建筑师对建筑的细部进行推敲,日积月累形成资料的积累。绘画需要构图,讲究取舍,强调画面层次及相互间的比例关系。反复的练习会提高设计者的观察力与创造力。因此,画画本身不是目的,重要的是绘画的过程,只要持之以恒,就会提升建筑创作的构思的艺术性,提高自身的审美能力与创造能力,以至提高设计能力。

图6-15所示为黑龙江阿城金上京博物馆钢笔草图。建筑设计构思来源于古金国的"中军帐",博物馆与金代古墓遥相呼应,取得建筑与环境的完美统一。在草图绘制中,建筑师捕捉了设计灵感,提高了建筑创作的艺术性,完善了建筑师的创作思维和审美能力,陶冶了建筑情操,从而为完善设计方案打下基础。

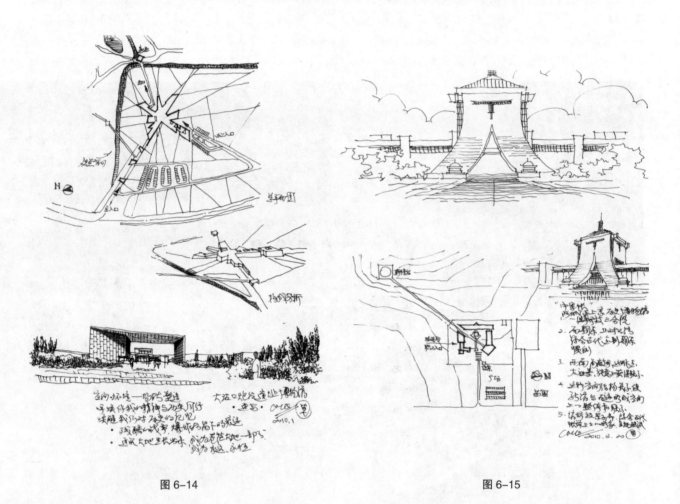

图6-14　　　　　　　　　　　　　　　　　　　　图6-15

4. 钢笔建筑速写为设计工作积累资料与素材

图6-16所示为俄罗斯建筑实物钢笔建筑速写写生。通过建筑钢笔速写,建筑师收集了俄罗斯新艺术运动建筑设计风格的资料,为未来的设计工作积累资料。

技艺的提高没有捷径可寻。但是,技艺的掌握可以找一些方法与窍门。作为初学者可以先从临摹开始,通过临摹优秀的钢笔画作品,掌握钢笔作画的基本方法。还可以通过写生,掌握构图技巧、透视方法及相互间的尺度关系。在写生条件不允许的情况下,可借助数码相机记录下想要的场景,根据照片进行绘制。还可以通过抄绘建筑杂志或书籍中的资料图片,进行资料收集,在练习钢笔画的同时还可以通过抄绘的过程加深对作品的认识与理解,增强记忆,培养建筑创意,为今后的设计工作积累资料与素材。钢笔速写如图6-17~图6-19所示。

图 6-16

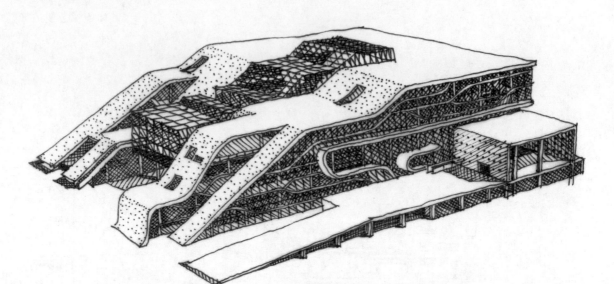

图 6-17

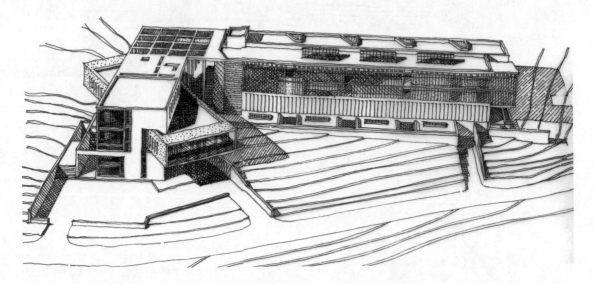

图 6-18

图 6-19

6.3.2 建筑钢笔表现的绘制方法

1. 绘制建筑轮廓

运用线描的方法表达建筑轮廓形象、构成组合和空间层次划分。线条可以是单一的线条,也可以分出粗细线条。在线描述时,要分析建筑对象,把握关键的空间转折部位,清晰地将建筑各部空间内容表达出来。

有时用一样的单线条,难以表达空间的层次,单线条在空间的转折方面表现轻微。为增加建筑的层次感,往往要运用粗细、轻重、虚实等不同的线条,这样不仅生动表达了建筑的形体结构和形态转折,而且能刻画出建筑的刚、柔、轻、重等内在质感和量感,所谓"笔以立其形质",如图 6-20 所示。

2. 绘制光影范围、建筑体面和建筑材质

明确建筑轮廓之后,就要正确确定建筑物的阴影范围,之后运用线条疏密、线条形式来表达建筑的体面、建筑体面的质感、光影深浅变化。线条越密,光影色调越深。运用水平线、水平垂直交错线、垂直弧线交错线、斜线、交叉线等分别表达砖、石、筒瓦等的材质质感,增加建筑的表现力。绘制表达涂料、抹灰墙面往往采用"点"的疏密来表达光影深浅和质感的不同。线条和点的组织要有疏密退晕变化,体现光影特征,如图 6-21 所示。

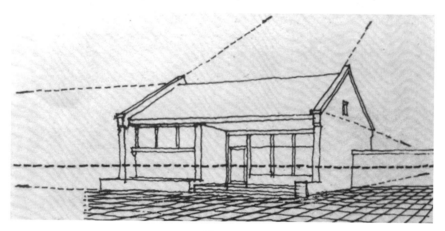

图 6-20

图 6-21

3. 绘制建筑阴影变化

阴影由于受反光影响，建筑绘画表达时要体现退晕变化。处理好建筑的重心、焦点、虚实、调子等的关系，使建筑融于环境之中，与环境形成和谐的统一整体，如图 6-22 所示。

4. 绘制建筑配景

处理好天空、地面、树木、绿化、人物等，表达建筑环境氛围、建筑的环境尺度。建筑配景要表达空间虚实、远近，体现出环境空间的层次感。采用直、曲不同形态线条表达配景的个性与姿态、纹理。配景的设置安排，要与建筑的性质、性格相统一，烘托建筑。绘制建筑配景要恰到好处，重在突出建筑，不要喧宾夺主，如图 6-23 所示。

图 6-22

图 6-23

6.3.3　钢笔表现形式案例欣赏

钢笔速写案例如图 6-24~ 图 6-42 所示。

图 6-24

图 6-25

图 6-26

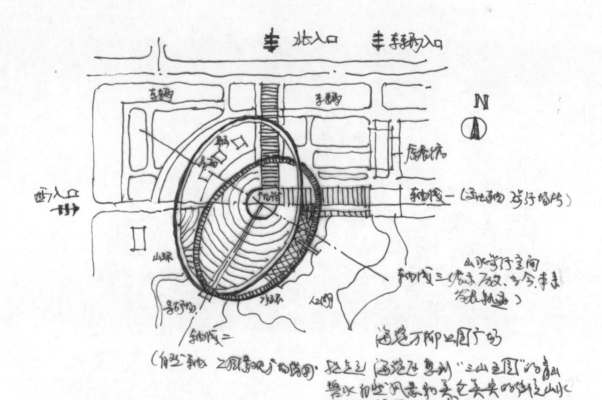

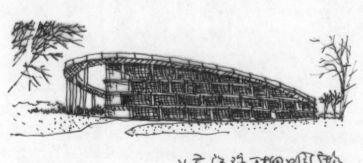

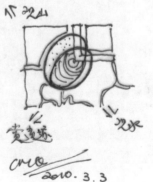

图 6-27

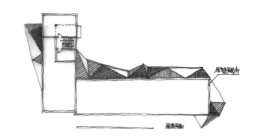

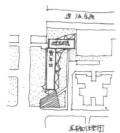

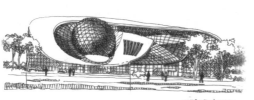

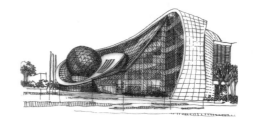

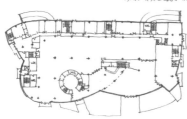

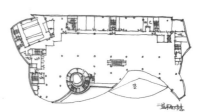

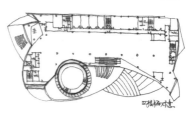

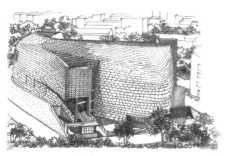

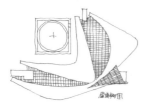

图 6-28

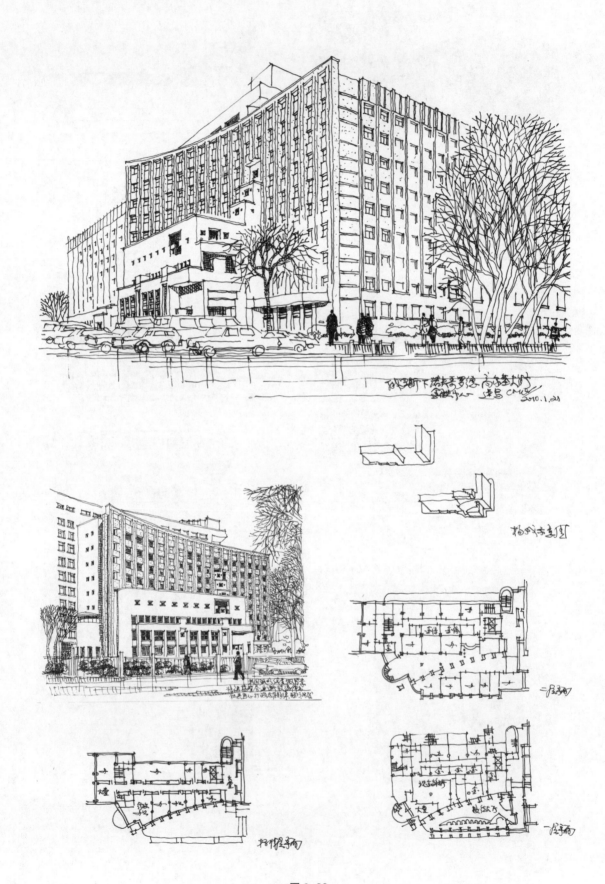

图 6-29

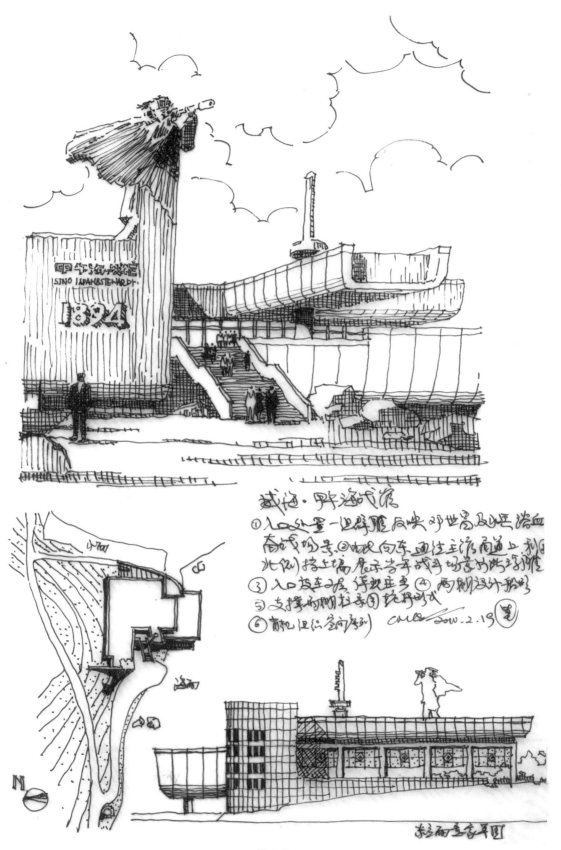

图 6-30

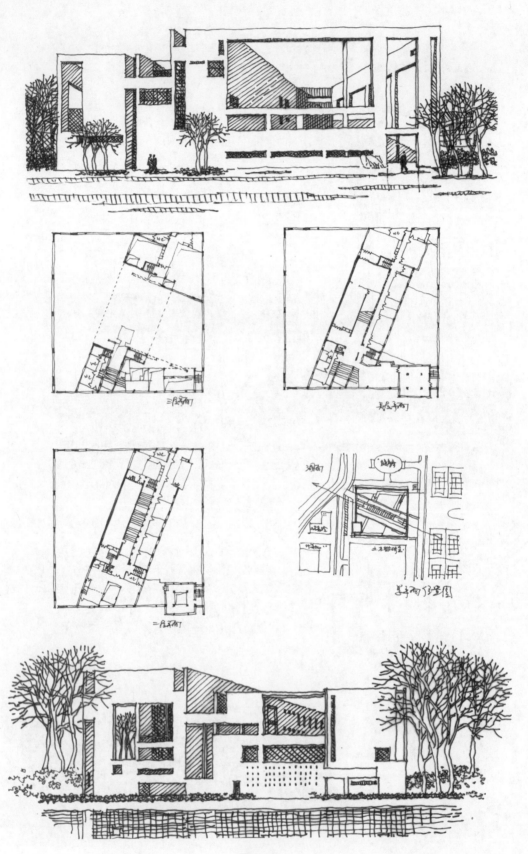

图 6-31

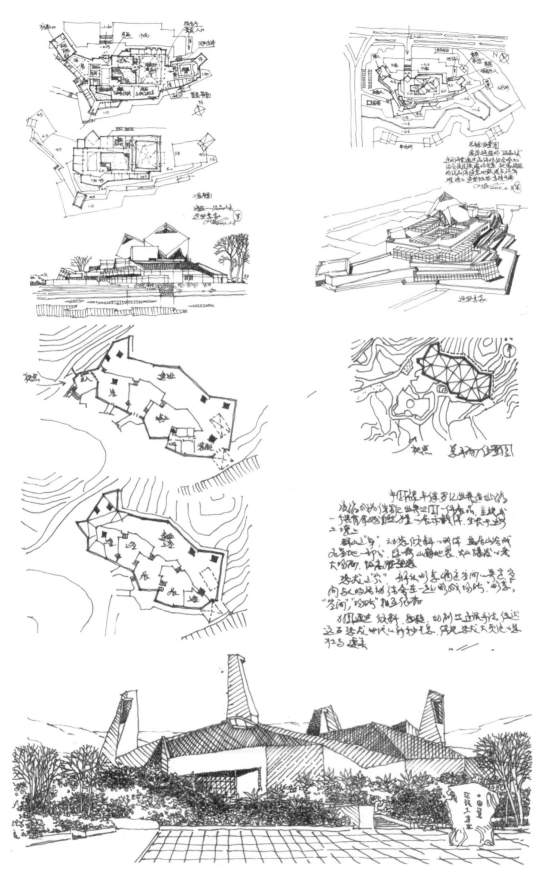

图 6-32

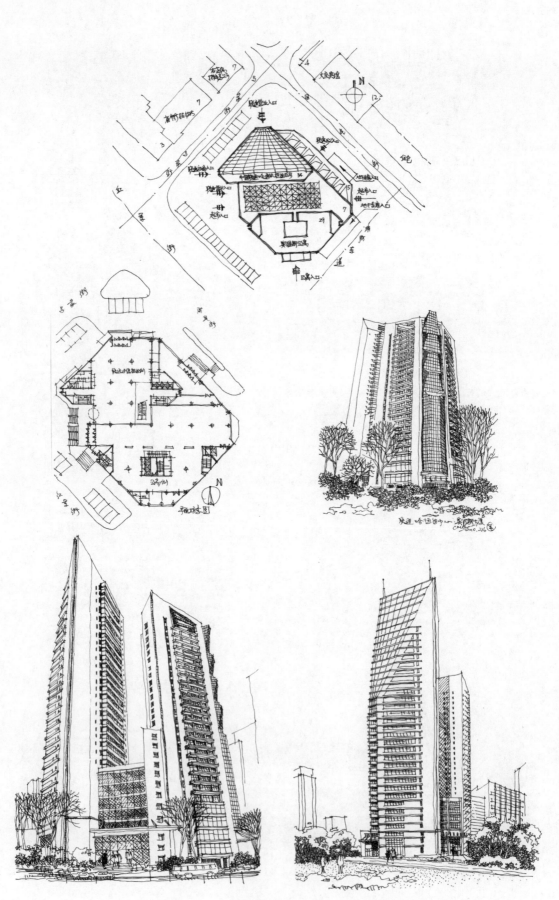

图 6-33

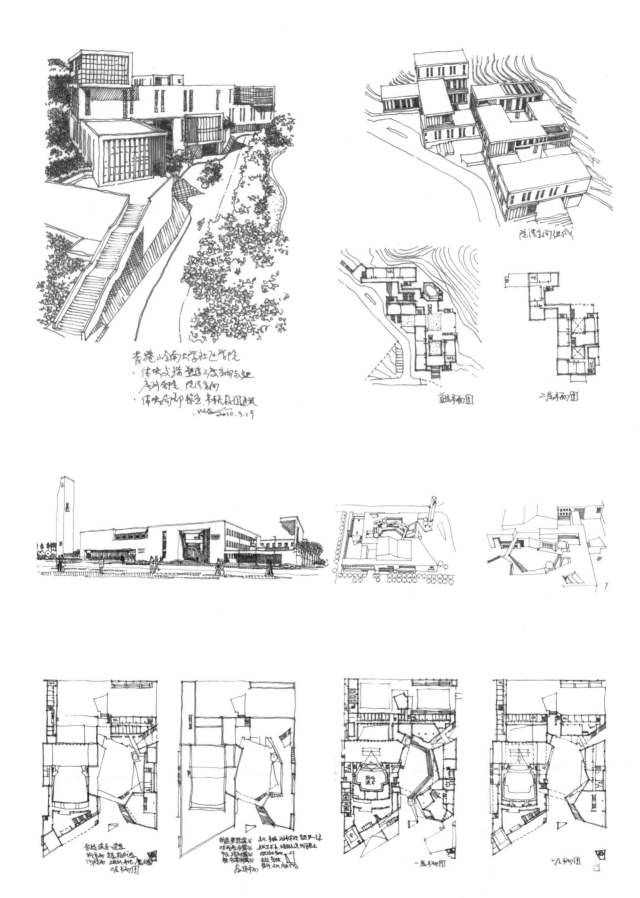

图 6-34

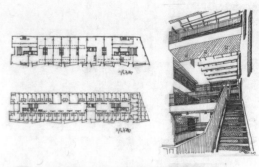

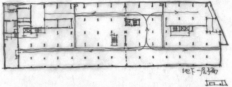

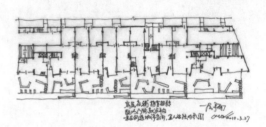

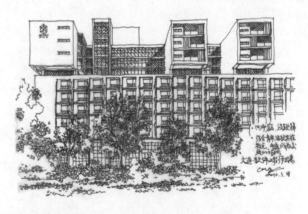

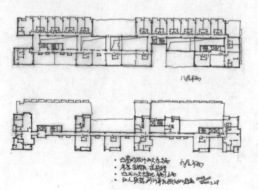

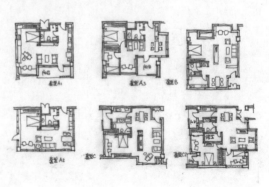

图 6-35

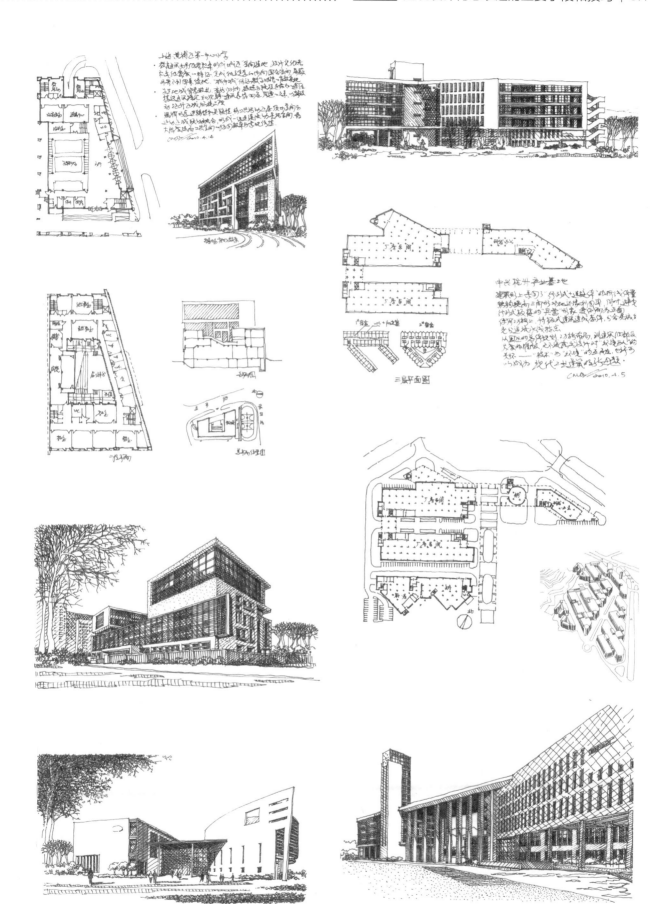

图 6-36

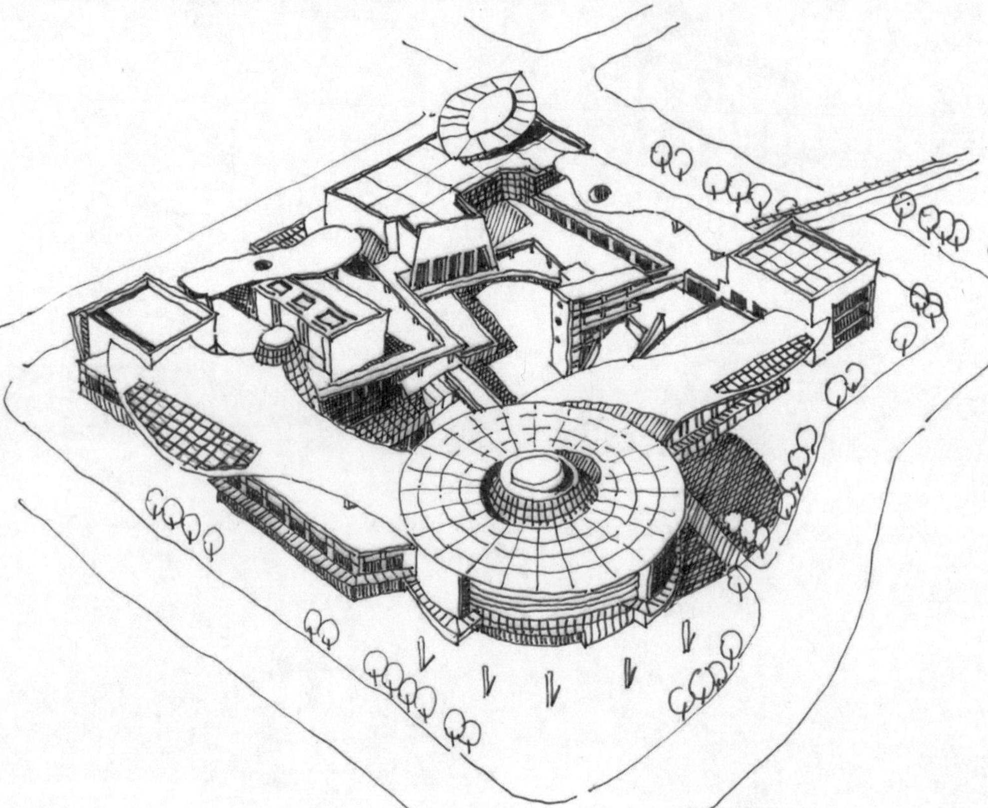

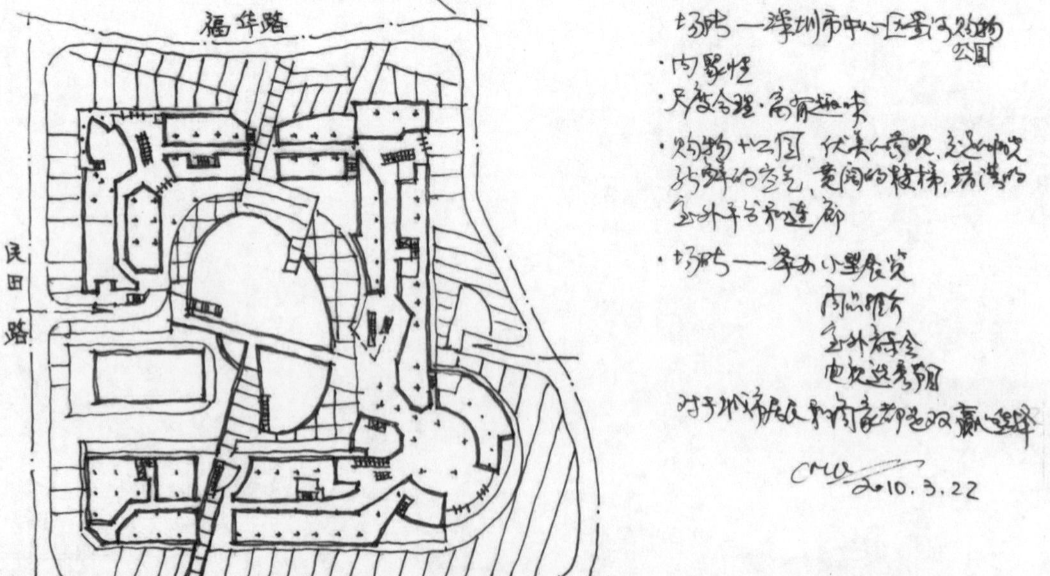
福华路
民田路
平面示意图
场所——深圳市中心区露天购物公园
·内聚性
·尺度合理·商业趣味
·购物+公园，优美的景观、充足的阳光、新鲜的空气，宽阔的楼梯，错落的室外平台和连廊
·场所——举办小型展览
商品推广
室外音乐会
电视选秀节目
对于城市居民和商家都是双赢选择
2010.3.22

图 6–37

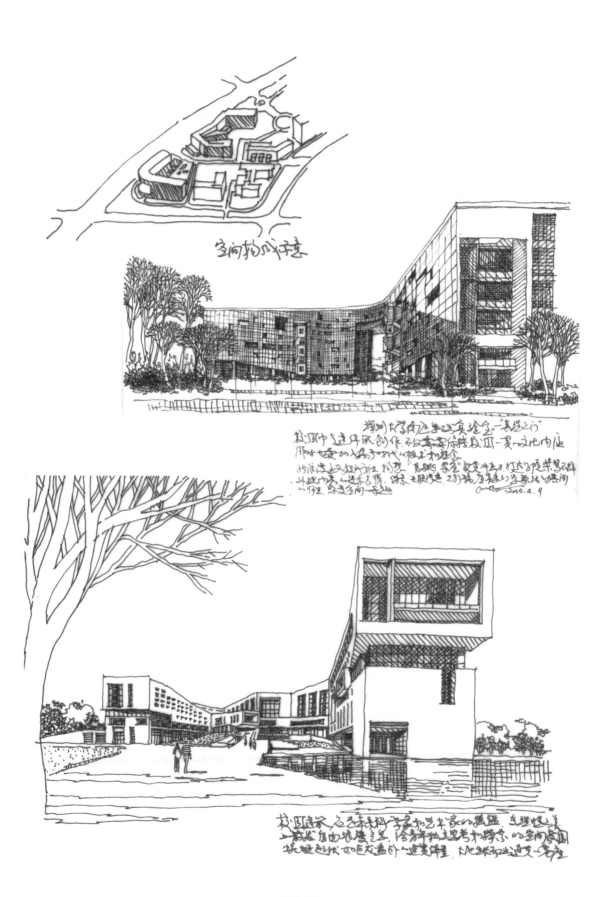

图 6-38

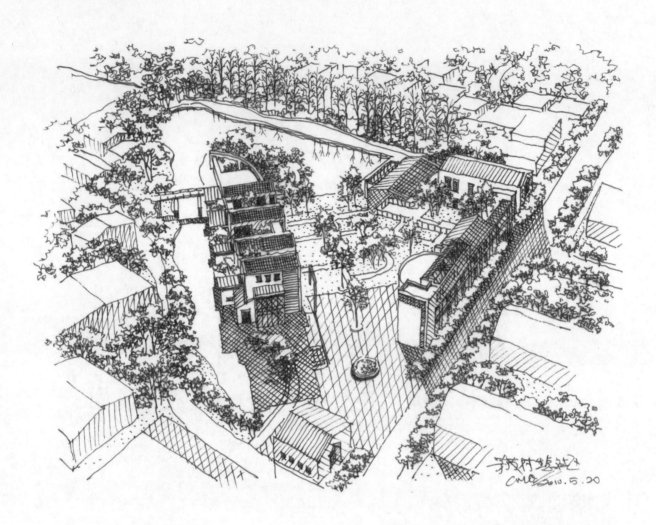

图 6-39

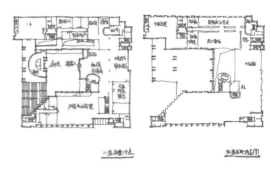

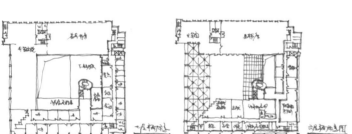

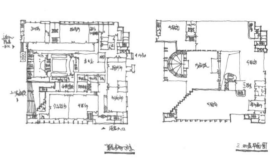

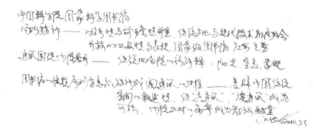

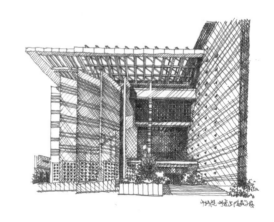

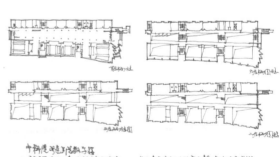

图 6-40

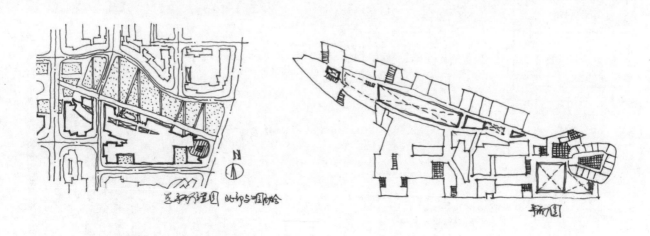

图 6-41

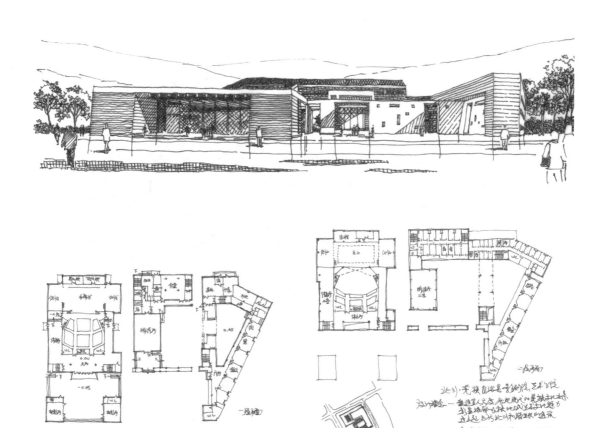

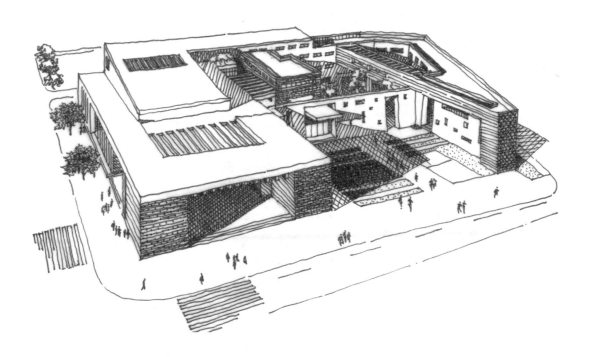

图 6-42

6.4 马克笔表现形式

马克笔由英文"Magic Marker"音译而来。从英文名字上，即知它有魔幻般的艺术效果，配合钢笔，在钢笔建筑速写表现基础上，能够深入、形象、生动地表达建筑设计创意构思，目前广泛用于建筑设计、室内建筑设计、建筑景观设计、家具设计、服装设计等领域，马克笔表现形式具有快速、方便、随意的绘画优势，如图6-43、图6-44所示。

图 6-43

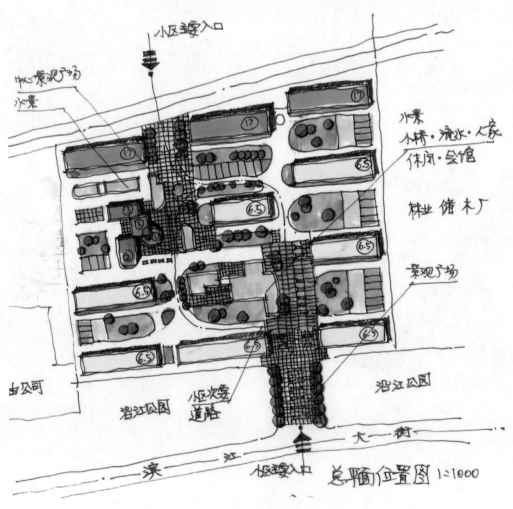

图 6-44

6.4.1 马克笔表现形式的优点

1）快速高效。涂抹每块颜色后，不用等待，即可进行下一步的绘制；简单快捷。

2）携带方便。扣紧笔帽后可轻便携带，利于现场与业主直接交流，建筑勾画；马克笔对于图纸要求不高，在水彩纸、复印纸、草图纸、硫酸纸上都可以绘制。

3）随意性强。颜色齐全，不用调和，适用于美术基础不高的设计人员；马克笔表现形式对于表达朦胧的建筑设计创意构思意境，捕捉建筑设计灵感以及同行间的相互交流都起到重要作用。

如图 6-45、图 6-46 所示，画面表达的是环境艺术设计，在钢笔建筑速写表现基础上，生动地表达了建筑环境广场、绿化、小品等景观的布局与配置和建筑空间构成与层次关系。

图 6-45

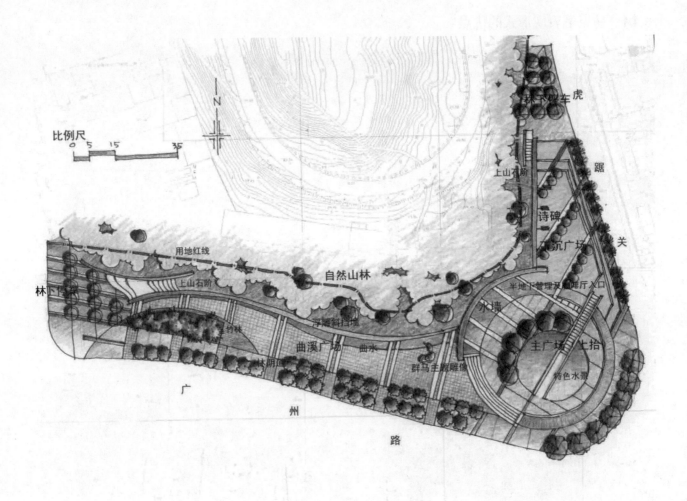

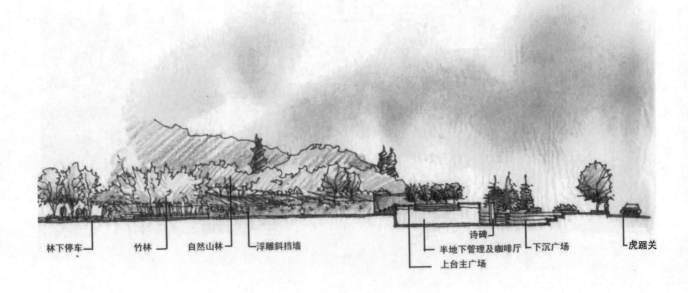

图 6-46

如图 6-47～图 6-49 所示，画面为建筑设计阶段性草图，即便建筑师的美术基础一般，运用马克笔便捷高效的特点，在画面中涂以颜色，也能清晰地表达建筑设计意图，便于相互交流，起到了辅助设计的作用。

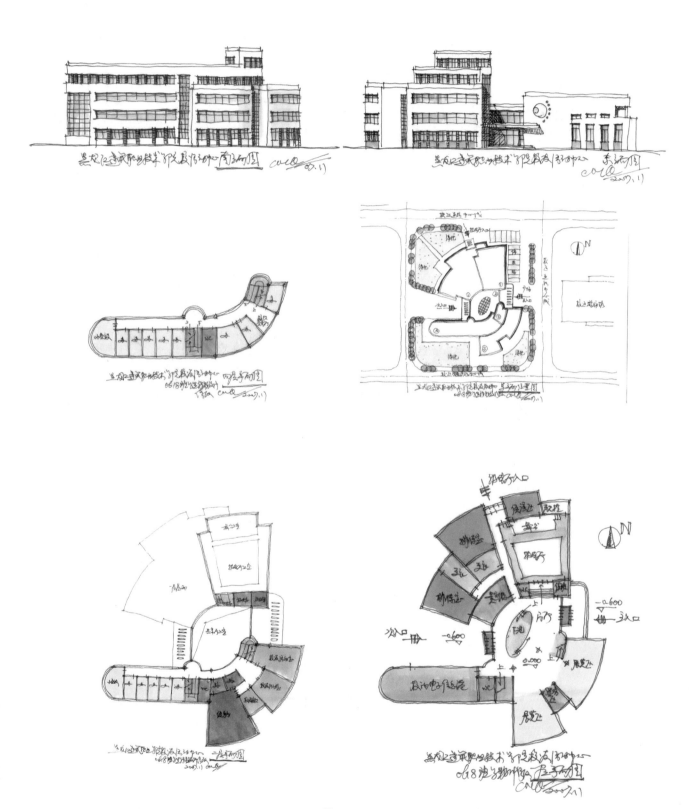

图 6-47

图 6-48

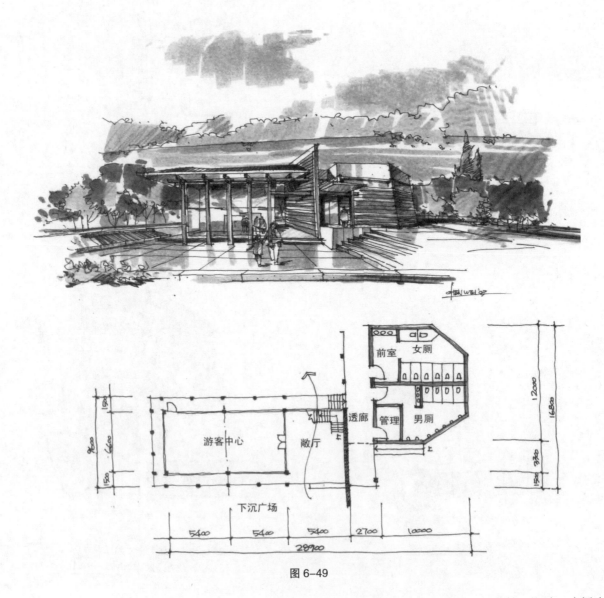

图 6-49

　　如图 6-50 所示，画面为建筑设计造型阶段性草图，表达了朦胧的建筑创作意境，与山林、湖泊、小桥自然环境融合的理念，以及与邻里建筑风格相互统一的关系。

　　如图 6-51 所示，画面为建筑设计阶段性草图，清晰地表达了建筑设计意图，捕捉设计灵感，利于提升设计创意。

图 6-50

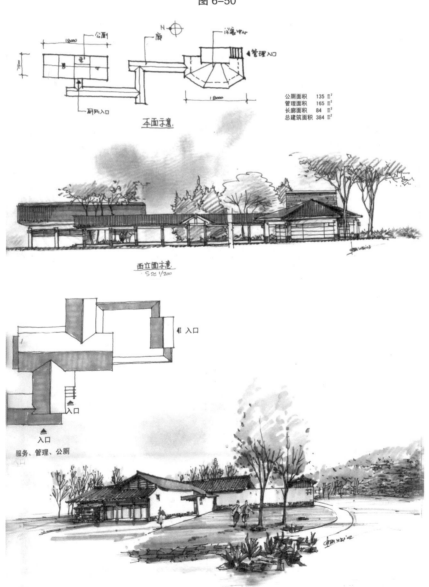

图 6-51

6.4.2 建筑马克笔表现形式的绘制步骤

1）做草图即绘制马克笔表现图的构思草图。这一阶段要确定好建筑视点方向和高度，充分体现设计意图，确定画面色调，考虑建筑材质处理，合理安排建筑配景位置和内容等，使画面构图完美。草图要表达建筑环境特征，设置绿化、车辆、人物、广场、道路、小品等，草图阶段思路要宽广，便于推敲和捕捉表达灵感，如图 6-52 所示。

2）绘制建筑轮廓、体块，表达建筑细部特征，添置建筑配景。

3）建筑着色时，画面色调要统一，色彩要统筹安排。涂色要先浅后深，表达深度要先粗后细，表达部位要先主体后环境。着色要大胆，建筑转折、明暗变化处要强调，色彩要略有夸张。建筑着色时要充分体现马克笔的随意性，使用笔触的表达方式，使画面具有灵动性。

4）刻画细部，画龙点睛。要重视画面前景、近景刻画。在这一阶段，建筑师要有更多的图片资料参考，如草地、花卉、树木、水面、地面、山石、人物、车辆、小品、饰面材质表达等。

5）绘制好的马克笔表现图可以进行必要的图像电脑辅助处理。图像电脑辅助处理是对手绘失误之处进行调整和完善补救，如在建筑高光部位，添加亮线、亮点，对局部色彩色调进行调整等，提高画面的统一性，突出画面重点，起到提高画面表现力的效果，增加画面的饱和度、对比度，使画面耐看，如图 6-53 所示。

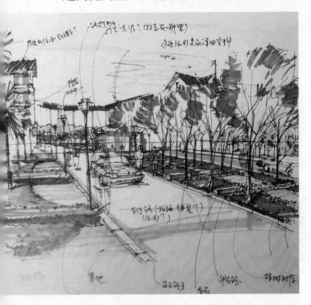

图 6-52

图 6-53

6.4.3 建筑马克笔表现形式案例欣赏

马克笔表现形式案例如图 6-54~ 图 6-57 所示。

图 6-54

图 6-55

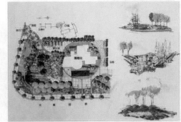

图 6-56

图 6–57

6.5　计算机辅助设计表现形式

　　在计算机飞速发展的今天，将计算机绘图与设计融合在一起，是建筑设计领域的一次突破。计算机绘图以其绘制迅速、图面工整、表达直观、修改方便、便于交流传递等优点被广泛应用于现代设计的各个领域中，如图 6–58 所示。

　　建筑设计是一个需要高精确度的工作，因此 AutoCAD 这个具有极高精确表达平面、立面能力的绘图软件受到众多设计者的青睐。AutoCAD 虽然能够有效地表达平面图，但对于建筑设计这样具有立体感的工作就会有一定的缺陷，此时就需要 Sketchup 等空间绘图软件的帮助了。

图 6–58

6.5.1 Sketchup 软件计算机辅助设计表现形式的特点

Sketchup 是一套直接面向设计方案创作过程的设计工具，其创作过程不仅能够充分表达设计师的思想，而且完全满足与客户即时交流的需要，使设计师可以直接在电脑上进行十分直观的构思，是三维建筑设计方案创作的优秀工具。

Sketchup 是一个易于使用的 3D 设计软件，类似于设计中的铅笔，可以根据设计者的想法绘制相关的建筑形式，方便快捷，便于设计者在设计初期反复推敲方案。如图 6-59 所示，建筑师通过 Sketchup 建筑建模软件搭建建筑模型，进行建筑方案探究、分析，辅助建筑师确定建筑设计方案。

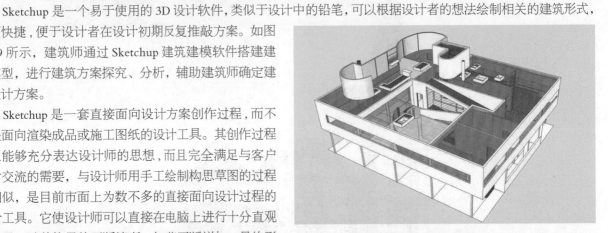

图 6-59

Sketchup 是一套直接面向设计方案创作过程，而不只是面向渲染成品或施工图纸的设计工具。其创作过程不仅能够充分表达设计师的思想，而且完全满足与客户即时交流的需要，与设计师用手工绘制构思草图的过程很相似，是目前市面上为数不多的直接面向设计过程的设计工具。它使设计师可以直接在电脑上进行十分直观的构思，随着构思的不断清晰，细节不断增加，最终形成的模型可以直接交给其他具备高级渲染能力的软件进行最终渲染，形成效果图。这样，设计师可以最大限度地减少机械重复劳动和控制设计成果的准确性、艺术性。

Sketchup 有很多独特的地方可以让初学者熟练掌握，例如区别于 3D 的独特简洁的界面。方便的推拉功能使设计师通过一个图形就可以方便地生成 3D 几何体，无需进行复杂的三维建模。

Sketchup 有快速生成任何位置的剖面，使设计者清楚地了解建筑的内部结构，可以随意生成二维剖面图，并快速导入 AutoCAD 进行处理。

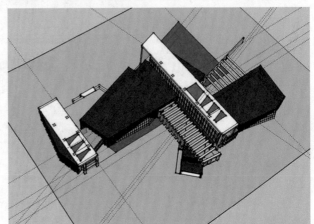

Sketchup 可与 AutoCAD、Revit、3DMAX、PIRANESI 等软件结合使用，快速导入和导出 DWG、DXF、JPG、3DS 格式文件，实现方案构思、效果图与施工图绘制的完美结合，同时提供 AutoCAD 和 ARCHICAD 等设计工具的插件。

Sketchup 自带大量门、窗、柱、家具等组件库和建筑肌理边线需要的材质库。

Sketchup 可轻松制作方案演示视频动画，全方位表达设计师的创作思路，具有草稿、线稿、透视、渲染等不同显示模式。

Sketchup 有准确定位阴影和日照功能，设计师可以根据建筑物所在地区和时间实时进行阴影和日照分析。

Sketchup 可简便地进行空间尺寸和文字标注，并且标注部分始终面向设计者。

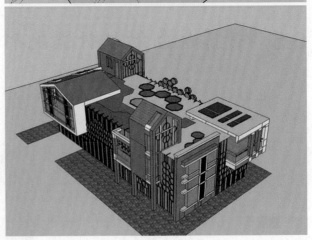

图 6-60

Sketchup 可以广泛应用在建筑、规划、园林、景观、室内以及工业设计等领域，是设计人员应该掌握的一个软件。

图 6-60 所示建筑为某小区售楼处，建筑设计作品良好、快速地表达了"和谐社会，美好的家园"的建筑立意构思。在设计过程中，运用 Sketchup 建筑草图绘制软件，经过搭建、分析、修正、完善、提升、确定等几个阶段的调整，直至获得理想方案。

6.5.2 计算机辅助设计表现形式案例欣赏

计算机辅助设计表现形式案例如图 6-61、图 6-62 所示。

图 6-61

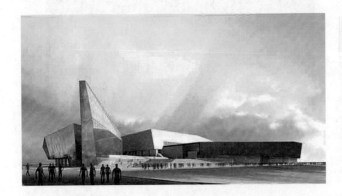

图 6-62

6.6　提高建筑设计创意构思表达技巧的方法

无论是钢笔、马克笔，还是计算机辅助设计，要想掌握任何一种建筑设计创意构思的表达手段，都应该按照下面的方法去学习和训练，只有这样，才能取得良好的建筑构思表达效果。

1）建筑设计构思表达绘图之前，要有思想，所谓"意在笔先"，不但要刻画建筑及其关联要素的形态，做到比例、尺度、构造准确，透视合理，更要刻画出建筑内在特征和反映的精神境界、时代特征与艺术性格，赋予人们以联想，并在思想感情上给人以启发。进行建筑设计构思表达要注意建筑画面构图和建筑图间的构成组合，要体现设计的艺术性、思想性。

2）建筑设计构思表达绘制过程中，要注意反应建筑的体量、结构、材质、色调、光影等特征，还原建筑创造表达的本源。

3）建筑设计构思表达学习过程中，要注意积累、掌握建筑画的环境配置要素，能够熟练绘制建筑画面中的树木、人物、车辆、山石、小品等，并能合理进行建筑画面配置，以丰富画面，表达建筑的空间比例、空间层次。

4）建筑设计构思表达绘制过程中，要有大局观，从整体出发进行概括，有所取舍，突出重点。只有通过刻苦训练、不断实践和认识，才能使建筑设计构思表达得心应手。

5）建筑设计构思表达学习过程中，要注意积累建筑绘画素材、绘画案例，进行分析、消化、学习借鉴。

6）学习从模仿开始，在建筑设计构思表达学习过程中，要注意临摹，学会在模仿、比对中得到提高，自信、耐心最重要。

7）建筑设计构思表达绘制过程，是一个由生到熟、由慢到快的逐步提高的过程，"勤奋"是关键，多画、多练，实现量变到质变的飞跃。只要勤奋苦练，持之以恒，孜孜以求，终会技法娴熟。

6.7　"休闲驿站——茶室"设计方案表达

1）确定建筑课程设计工作任务"休闲驿站——茶室"设计方案的表达形式、手段。

2）完成建筑设计方案，提交建筑设计方案汇报报告。

3）建筑设计方案汇报。

4）进行成绩自我评定，见附录 A。

PART 7
建筑设计构思与
表达的培养

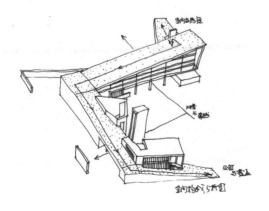

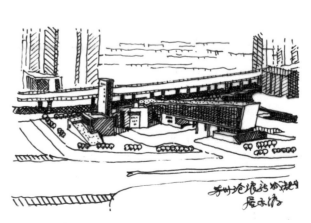

7.1 建筑设计构思与表达能力的培养途径

建筑设计创意构思来源于生活，是建筑师生活的体验、生活的理解、生活的升华。建筑设计构思与表达是相互促进的。在建筑技能、技巧、创作的学习过程中，要健全自己的创造性思维，努力培养创新能力。

1）解读任务，按照功能要求对建设单位提供的设计任务书进行分类、分析、归纳和项目定位，明确功能要求和造型特征。在这一过程中，建筑构思时，要注意业主和建筑师之间的换位思考，结合自己的生活体验，综合考虑管理者、投资者、建造者、使用者多方利益，创造性地提升业主要求。要具有这一能力，就要做到：

（1）深入生活，不断调研，通过实际工程的走访、调研，掌握建筑项目的特征、任务要求，探索生活中人性化的需求，在建设单位的设计要求基础上形成完善的建筑设计任务书。

（2）查阅相同类型的建筑设计资料，沿着建筑大师的足迹，探寻建筑的创意、建筑的构思，明确同类建筑项目的建筑体量、建筑表情、建筑性格特征，建筑创作在继承的基础上谋求创新。

建筑设计构思从不排斥其他门类艺术的设计灵感和方法，收集建筑设计资料要广泛，并进行深入剖析。可以是美术作品、广告招贴画、建筑效果图、建筑模型、考察旅游建筑实物照片，也可以是建筑写生、建筑分析草图、建筑创意构思草图。建筑效果图片可以是建筑室内设计图片、建筑外部环境设计图片、建筑规划设计图片。凡是有思想性的、能够产生共鸣的艺术作品，皆可收集、分析和借鉴，并不断消化吸收，运用到建筑创作中，提高建筑构思能力和表达手段，指导建筑创作。收集建筑设计资料，是长期不断的过程，是与时俱进的过程，是建筑创作的基础。

收集建筑设计资料可以是广告画。如图 7-1 所示，画面表达出人与纷繁世界的矛盾关系，鼓励人们去思考、去解决人性化的设计，关注人、环境、建筑间的和谐关系，努力创作出绿色建筑。

如图 7-2 所示，画面表达出摆脱黑暗，奔向光明的勇气和信心，激励着建筑师努力去探索建筑的真谛，克服建筑创作之路的艰难险阻，奔向生态、绿色、以人为本的光明未来。

图 7-1

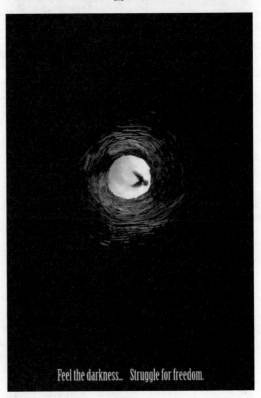

图 7-2

如图 7-3 所示，图片使人们对建筑平面构成有了进一步的掌握，提升了建筑版面组合图表达的艺术技巧。

收集建筑设计资料可以是建筑工作模型。如图 7-4 所示，通过工作模型有效地对建筑空间实体化的比例推敲，完善建筑创作，提升建筑才思。

收集建筑设计资料可以是建筑效果图。如图 7-5 所示，建筑群由方形几何体构成，建筑单体几何体结合建筑功能设计成局部楼层空、漏、透的虚幻艺术效果，飘带般的连廊将建筑群联系起来，刚毅中带来柔美，丰富了建筑表情。临街方洞处理，减少了建筑对城市街道的压抑，孔洞区域围合成庭院空间场所，拓展了城市空间，建筑庭院转化为城市休闲客厅。

如图 7-6 所示，建筑运用简单方形几何体作为建筑创作的基本要素，并巧妙组合，从而获得建筑的完美统一。建筑方形体块进退变幻、高低起伏变幻、材质虚实变幻、空透穿插变幻，丰富了建筑表情。建筑的室外楼梯巧妙地通过方形构架组织在建筑中，化不利为有利，楼梯装饰处理后成为建筑立面空、漏、透景观的重要元素，艺术地体现了形式追随功能走的现代建筑设计理念。

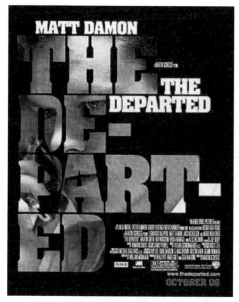

图 7-3

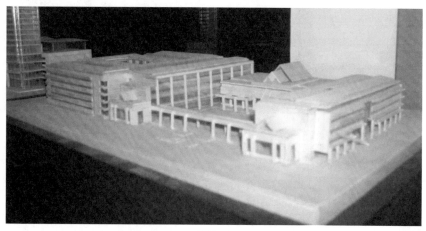

图 7-4

图 7-5

图 7-6

　　如图 7-7 所示，建筑为冰雪博物馆。建筑创意和构思从"冰"、"石油"中得到启发，表达冰雪博物馆的地域艺术特征。建筑造型反映"冰"、"石油"的物质形态，晶莹剔透与朴实厚重形成对比，表达北方建筑的艺术气息。通过建筑画反映的建筑立意与构思，启发了建筑师的建筑设计创意，增强了建筑设计构思的信心。

　　如图 7-8 所示，通过对商业街规划的分析，使建筑师懂得如何处理商业街区界面，使商业运营与休闲观光融为一体，做到商业景观步移景异的艺术效果。

图 7-7

图 7-8

收集建筑设计资料可以是建筑实物照片。如图7-9、图7-10所示，收集建筑资料的途径也是多样的，出国旅行、国内考察，遇到建筑，只要有所感悟，就应记录下来。到一个地区，应当了解一个地区的文化、民风民情，丰富自己的建筑才思。

图7-9

图7-10

（3）建筑创作是建筑师情感的流露。建筑师要有好的建筑作品，就要深入生活进行建筑写生，平时要多画建筑速写，解读建筑、积累素材和经验，陶冶情操，提升审美观念，提高建筑造型能力与建筑表达能力，培养建筑创造激情。

图7-11为哈尔滨犹太教建筑写生。通过写生了解犹太教建筑的性格特征、建筑构件的造型特色，懂得建筑环境的表达方法，以及建筑与环境的和谐关系。

图7-12为建筑庭院环境设计，体现了建筑环境的植物配置特征，使建筑庭院具有四时的季节景观。

图7-13为维多利亚风格建筑设计草图表达。通过绘制草图，掌握维多利亚风格建筑特征，同时提升了对建筑的环境表达、植物的配置，明确建筑不能脱离环境而存在，使建筑师重视建筑与环境的有机结合，使建筑具有可持续性。

图7-14为俄罗斯新艺术运动风格建筑速写，通过写生了解新艺术运动风格建筑的简练几何图案装饰特征。

图7-15为一个博物馆。建筑创作从自然界中的"山石"得到启发，并以"山石"展开建筑构想，建筑厚重、起伏，如盘龙般从大地生长出来，给人以无尽的想象。

图7-16为龙泉青瓷博物馆建筑设计方案。建筑从造型出发，反映建筑的功能特征。建筑创意构思的灵感取材于出土的千年陶瓷，并由此展开联想进行深入建筑创作，建筑选址与山坡、建筑造型与环境有机融合，建筑场面如同古陶瓷的出土挖掘现场，赋予建筑地域文化的精神内涵。

图 7-11

图 7-12

图 7-13

图 7-14

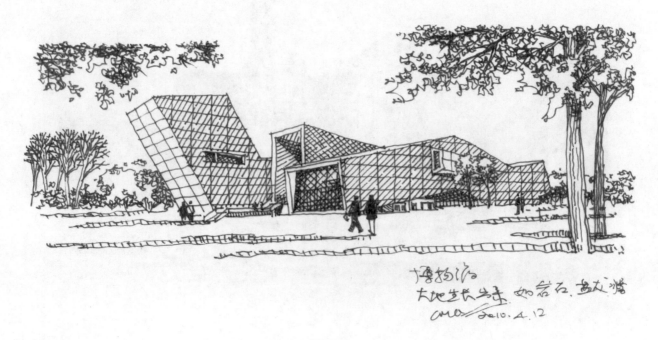

图 7-15

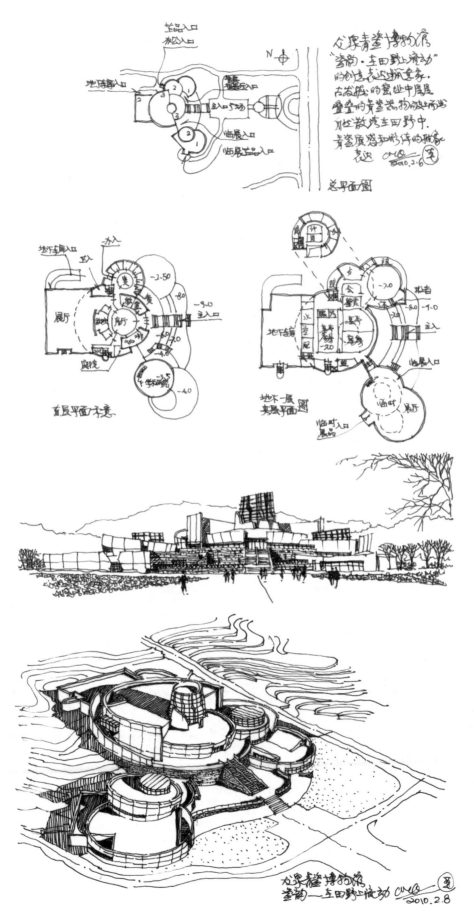

图 7-16

　　图 7-17 为云南文化艺术中心。总图中博物馆和文化中心运用建筑对比的设计布置手法实现了二者的对话与共生，表达出博物馆的历史沉淀与文化中心的浪漫演绎。建筑形态设计得动感而富有张力，建筑似飘带云朵，似舞姿，似乐谱，似吉祥结。建筑表情流露出云南各民族人民载歌载舞的浪漫气质，形象地表达出建筑是凝固的音乐，音乐是流动的建筑。通过建筑速写和建筑分析丰富了建筑的才思。

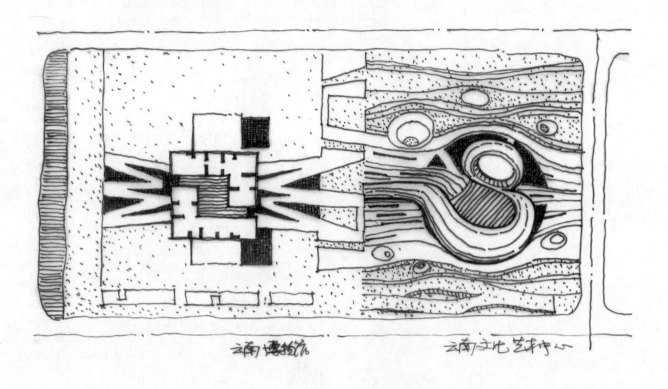

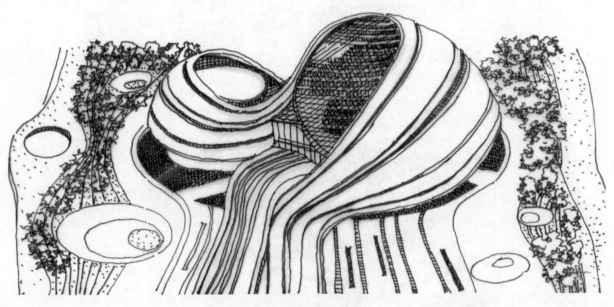

图 7-17

图 7-18 为绍兴体育公园。绍兴文化就像一本用水写成的书，历朝历代留下的人文景观无一不是傍水而生。绍兴体育公园建筑规划体现了绍兴水乡特色，建筑融入"水系"，河流状平台蜿蜒于建筑之间，宛如银河落九天。建筑设施犹如急进涡旋的银河星系，浑然一体。整个规划体现体育精神与自然的契合，体现人类体育运动的力与美和大自然的运行规律的融合统一。

2）做建筑设计，要学会相互借鉴，虚心听取他人建议。建筑创作，如同做人，要有胸怀，善于发现他人之长，学会相互借鉴，寻求多助，共同提高。要注重建筑师的品格、意志的培养和塑造，学习、借鉴、发扬建筑大师的建筑立意、构思和设计表达技巧。

图 7-19 为建筑环境表达的绘画作品。通过画面比对学习，掌握树的结构和姿态，懂得如何去表达秋季的白桦林。在未来的设计表达中，知道如何表达北方林区独特地域的环境，使建筑设计表达更具地域特色和表现力。

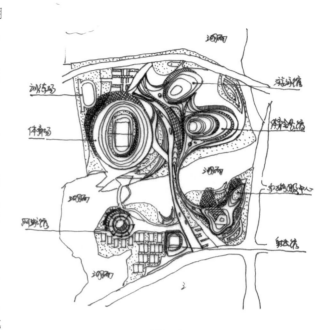

图 7-18

图 7-19

　　图7-20为建筑设计表达版面组合作品。通过比对学习，在版面自由组合建筑图形方面得到启发，从而更好地完成建筑设计图纸的版面组合。

　　图7-21、图7-22为建筑手绘表达作品。通过比对学习，不仅能了解建筑设计方案的构思和风格特征，也能了解建筑设计表达的便捷手法、建筑配景的表达方式和建筑与环境的关系表达等。通过交流、学习、临摹，建筑设计表达技能得到提高。

　　图7-23为中国古亭榭设计表达。通过图片的借鉴学习，了解中国古亭榭建筑的造型特征和环境艺术设计的意境，使建筑师把中国传统文化的精髓融入到建筑创作中。

　　图7-24为美国纽约世贸中心车站。建筑师从一幅儿童放飞和平鸽的画面中获得车站的设计创意灵感，并展开建筑设计的构思。车站的建设地点是在911恐怖袭击的世贸中心旧址。战争，使人们期盼和平，自然让人联想到和平鸽，车站整体外观打造成欲飞的鸽子也就容易理解了。钢结构的"翅膀骨骼"有序排列，体现一种平衡、对称、机械的秩序美。室内两侧独立的钢结构支撑的空间使室内开敞，而无一根柱子。屋顶设天窗，阳光笔直有序地照射到洁白的候车厅内，光影迷人而又神圣。

　　图7-25、图7-26为2010年上海世博会展馆。通过学习、借鉴，使建筑师了解到建筑绿色、环保、可持续发展等方面的新技术，以及当今世界建筑行业的发展动态，掌握建筑前沿科技。

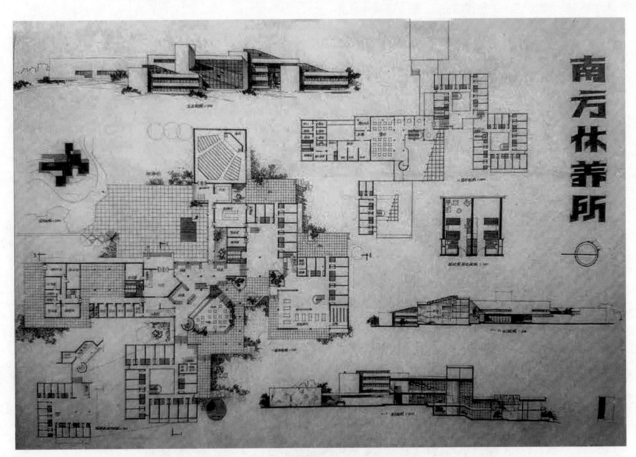

图7-20

图 7-21

图 7-22

图 7-23

图 7-24

图 7-25

图 7-26

3）通过解读建筑设计任务，要创造性地完善设计任务要求，赋予建筑设计要求以新的内涵与特征。在解读建筑设计任务要求的基础上，进行建筑创作时，要分析建筑地域、地段和建筑人文环境，融入自我的人生经历和对建筑的感悟，通过建筑创意草图的比对，确定建筑设计创意。

某高校图书馆设计如图 7-27、图 7-28 所示。建筑师充分分析建筑地段环境，在进行总平面布置设计时，主动设计出图书馆的教学图书阅览、行政管理、报告厅三个广场，建筑有效嵌入其中。建筑构成与地段环境、道路、空间良好结合。建筑造型创意来源于"书"，在进行建筑构思时，逐步升华为远航寻梦的船。

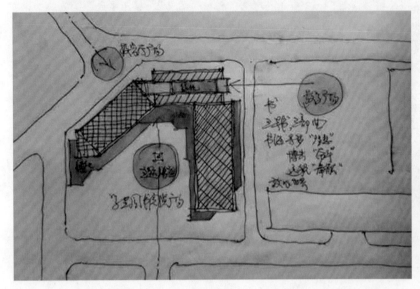

图 7-27

图 7-28

4）在建筑创意基础之上，进行建筑设计构思，并将建筑设计构思不断深入和完善，从而明确建筑设计构思方案。建筑是一门实用艺术，资料收集要广泛而实用，在收集的实用建筑设计资料基础之上，做到对建筑设计资料的解读和剖析，并能融会贯通，不断提高自己建筑造型空间的才思。在进行建筑设计构思的过程中，要努力提升建筑创意，展开设计联想，并留下建筑的思迹，实现自我完善，提高建筑设计品质。如图 7-29 所示，建筑创意为永远寻梦远行的方舟。在此基础之上，深化建筑设计构思，建筑创意提升为人类进步的方舟，表达出人生三部曲——"理想"、"奋斗"、"奉献"，体现出扬帆远航、放眼世界的理念和建筑造型。

5）有了良好的建筑创意和构思，要在建筑功能主义思想指引下，进行建筑造型创意表达。按建筑设计阶段性步骤绘制建筑总平面，考量建筑基地的安全通道、基

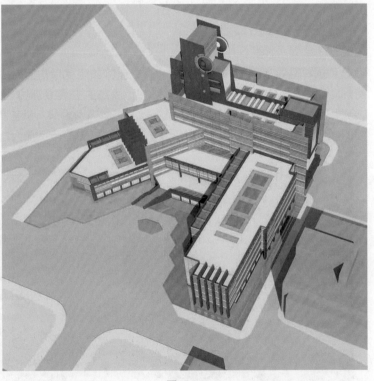

图 7-29

地停车、基地绿化和广场布置，在较为完善的总平面布置图的基础上，完成建筑的外部空间造型构成；合理安排外部空间各构成部分的使用功能，实现二维空间向三维空间转换。熟练运用计算机数字化建筑建模技能、技巧，

提升建筑师建筑造型技巧，使以前想到而做不到的建筑构思能够成为现实。在学习和工作中，只有熟练运用计算机数字化设计技术，才能不断提高建筑创作水平，实现建筑艺术与技术的完美统一。

在建筑外部、内部空间组织方面，哈尔滨太阳岛假日酒店建筑设计方案的使用功能分区图如图 7-30 所示。建筑师在建筑外部空间造型基础上，合理推敲、安排建筑各部功能关系，依次布置了酒店住宿、会议中心、餐饮、休闲娱乐、接待中心等使用功能，取得建筑外部空间与使用功能的完美统一。

图 7-30

哈尔滨太阳岛假日酒店建筑设计方案的内部人流设计分析图如图 7-31 所示。建筑师合理组织建筑各部功能流线，图中依次反映了酒店住宿流线、会议流线、餐饮流线、休闲娱乐流线、接待中心流线。酒店、餐饮部分与主入口连接，流线直接顺畅，会议中心和接待中心均设有独立的出入口，各功能流线既独立，又相互便捷联系。

图 7-31

哈尔滨太阳岛假日酒店建筑设计方案的景观绿化、动静空间、庭院景观视线、风向气候等分析图如图 7-32 所示。建筑功能布局良好地协调建筑各部人性化设计要素，实现建筑与环境的完美结合，达到绿色建筑的设计标准。

图 7-32

哈尔滨太阳岛假日酒店建筑设计方案的外部环境景观视线、庭院绿化组织方式、建筑轴线序列组织关系等分析图如图 7-33 所示。通过建筑的有序布置，建筑接待中心餐饮与湿地外部景观直接相连，建筑整体北高南低可获得更多的良好湿地景观。建筑庭院空间与太阳岛湿地景观相融合。建筑与环境的轴线院落的组织安排，使建筑与环境建筑有序呼应。

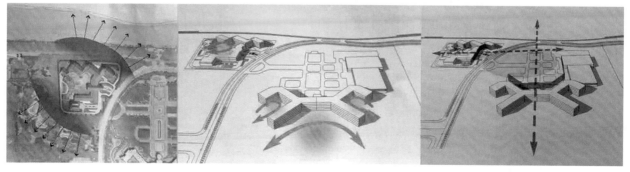

图 7-33

图 7-34 为计算机辅助设计造型分析作品。运用 Sketchup 建筑草图绘制软件，进行建筑空间分析，实现建筑二维空间与建筑三维空间的相互转换。通过计算机模型的搭建，表达建筑造型设计意图，提高了建筑空间造型能力和建筑审美能力，能够快速完成建筑外部空间造型方案，为下一步建筑外部空间造型设计方案比对工作和确定建筑外部空间造型设计方案打下基础。

图 7-34 为哈尔滨南岗区文化馆。南岗区素有"龙兴之地"之称。建筑创意从这一角度出发，运用虚实对比的美学规律，表达出二龙盘旋欲飞的精神图腾。图 7-35 为大唐热力哈尔滨电厂业务综合楼，通过过调研，了解到"团结一心，开创未来"的企业精神。建筑造型由"人"字抽象、演变，组合构成为"合"，表达出团结一心。建筑造型高低起伏，寓意着蒸蒸日上，开创未来。

图 7-36、图 7-37 是运用 Sketchup 建筑图绘制软件进行设计表达的效果图。从画面上可以看出，建筑空间关系清晰明确，建筑表达直观，注重建筑内在本质特征的表达，图面效果不哗众取宠，表达设计意图明确。

6）在建筑二维空间向三维空间转化的过程中，要勤于思考、勇于实践，勇于自我否定，进行建筑造型设计推敲，对于建筑设计外部造型方案要合理比对，分析优劣，找出差距，努力完善，力求得到最佳的建筑设计方案。在设计实践过程中，要不断总结经验，超越自我，不断创新。

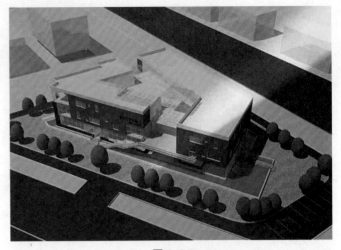

图 7-34

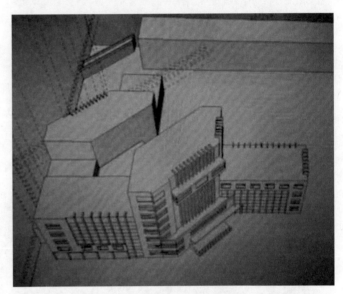

图 7-35

图 7-36

图 7-37

如图 7-38 所示，建筑设计构思来源于山、云、田地、龙的图腾。方案正是在比对中不断完善，实现创新的。建筑简练，努力打造小环境，基地道路有机融合在建筑群落中，建筑裙房屋面通过坡道过渡，与大地浑然一体。建筑造型力求突破，在折线造型中引入"圆眼"，打造出龙抬头、龙戏珠的造型艺术特色。

7）实现了良好的建筑外部空间之后，要进行建筑内部空间组织、建筑功能的设计布置。建筑之所以是建筑而不是构筑物，除了建筑的艺术性之外，更重要的是建筑具有功能性、人性化的属性。建筑的功能设计布置要实现"以人为本"的设计理念，体现对人的体贴与关怀。在这一过程中，建筑的外部空间与内部空间会存在着激烈碰撞，要寻找主要矛盾，解决主要问题，不断对建筑外部、内部空间进行人性化的调整完善，最终实现建筑的外部空间与内部空间的和谐统一。

图 7-38

在某高校图书馆设计中，图 7-39 所示的平面功能布置，就是在图 7-29 所示的建筑立意和构思基础上进行的。经过建筑内部的布置、建筑内部空间的深化和外部空间的完善，最终实现了建筑立意构思与建筑功能布局的和谐统一。建筑师以"书"为创意出发点，以书是人类进步的阶梯为构思源泉，室内空间设置景观螺旋楼梯，人性化的室内设计，表达树立理想，为理想奋斗和最终奉献社会的美好愿望，实现了建筑艺术与技术和建筑人性化的高度统一。

8）建筑要给人赏心悦目，就要有良好的表皮。在实现建筑的外部空间与内部空间的和谐统一基础之上，要进行建筑的人性化、个性化表皮设计，使建筑表情丰富，别具特色。

在某高校图书馆设计中，图 7-40 所示的建筑外部空间表皮，就是在图 7-29 的建筑立意和构思基础上进行的，通过表皮设计升华了书的含义，实现"书"引领人们扬帆远行的影姿。

9）建筑因需求而存在，因与环境的协调而持续发展。建筑设计学习过程中，自己的建筑作品不但要满足功能要求、外部造型空间要求、室内空间环境塑造，更要注重室外环境空间的整合，使建筑外部空间与周围环境空间协调。在外部空间环境设计中，要有机组织场地交通，合理设置道路、广场，停车，绿化，满足建筑卫生、建筑日照、建筑消防、建筑节能、建筑无障碍等方面"以人为本"的设计要求，考量建筑与环境道路的关系、与环境建筑的关系、与自然环境的关系。建筑设计要完整、全面，建筑创意构思要连贯，要对建筑环境进行完整的表达，努力使自己成为一个全面的建筑师。

图 7-39

北侧效果图

北侧效果图

东侧效果图

南侧效果图

图 7-40

　　图 7-41 为天津科技馆设计方案图。建筑师完整地表达了建筑与建筑室外空间环境的关系。建筑按功能要求和地形特点确定了建筑总平面布局,合理安排了各功能分区入口,建筑围合形成半开敞 U 字形庭院,完美结合道路和广场。广场结合地貌有效引入水体,使建筑与环境有机融合。

　　图 7-42 为南开大学"邵逸夫图书馆"。建筑师结合建筑布局特征,对称地布置环境各要素,建筑与环境结合紧密,相得益彰。画面具有表现力。

　　图 7-43 为哈尔滨太阳岛假日酒店建筑设计方案。建筑滨水而建,建筑师考虑了建筑的地域、地段特征,继承哈尔滨的建筑历史文脉,在画面中综合完整地表现出来。

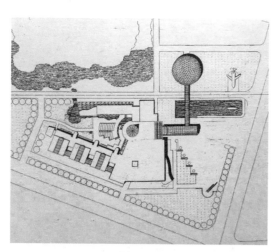

图 7-41

图 7-42

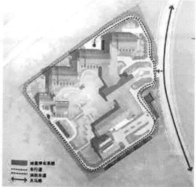

图 7-43

10）在建筑创作实践过程中，要跟踪建筑新技术，对建筑新技术要采取学习、使用、推广的态度，使自己站在科技前沿，不断探索，树立终身学习的思想。如新材料、生物处理技术、节能环保技术、网络控制技术、计算机数字化设计技术以及绿色生态建筑设计技术等，都应是建筑师关注的目标。

图 7-44~ 图 7-46 为哈尔滨某居住小区的实景照片。该居住小区是在哈尔滨火车车辆制造厂基础上拆迁改造完成的，采用了地源制冷系统、全置换式新风系统、天棚柔和式微辐射系统、建筑外围护结构优化系统、同层排水系统等新技术，体现了绿色建筑的对"人"的关怀本质。

11）建筑设计要有良好的表达，就要绘制建筑组合图纸，进行建筑图纸的版面设计，表达建筑的创意、构思、造型、功能等建筑设计内容。

图 7-47 是萧红旅馆建筑设计方案。建筑师将萧红在哈尔滨马迭尔宾馆邂逅的故事贯穿在建筑外部、内部空间的设计中。版面构图体现了构成主义设计风格，建筑功能图片构成画面之中，良好地表达了建筑方案的设计思想与内容。

图 7-44

图 7-48 是哈尔滨大唐电厂建筑设计方案。建筑设计方案表达了大唐电厂向上的"龙"的精神。版面设计在构成主义风格基础上，融入了自由的布置方式，画面严谨而活泼，良好地表达了建筑设计方案。

12）人生要有理想，不但要树立远大的目标，而且能脚踏实地不断探索追寻建筑的本源。在探索中，注意积累，涓涓细流汇成江海。在探索中要有一种吃苦耐劳的精神，甚至"独上高楼，望尽天涯路"。做好艰苦奋斗的准备，并在奋斗中不断超越自己。

13）在学习过程中要善于听取建筑创作中的不同意见，树立服务意识，满足业主要求。面对挫折要坚强，相信明天会更好。

图 7-45

图 7-46

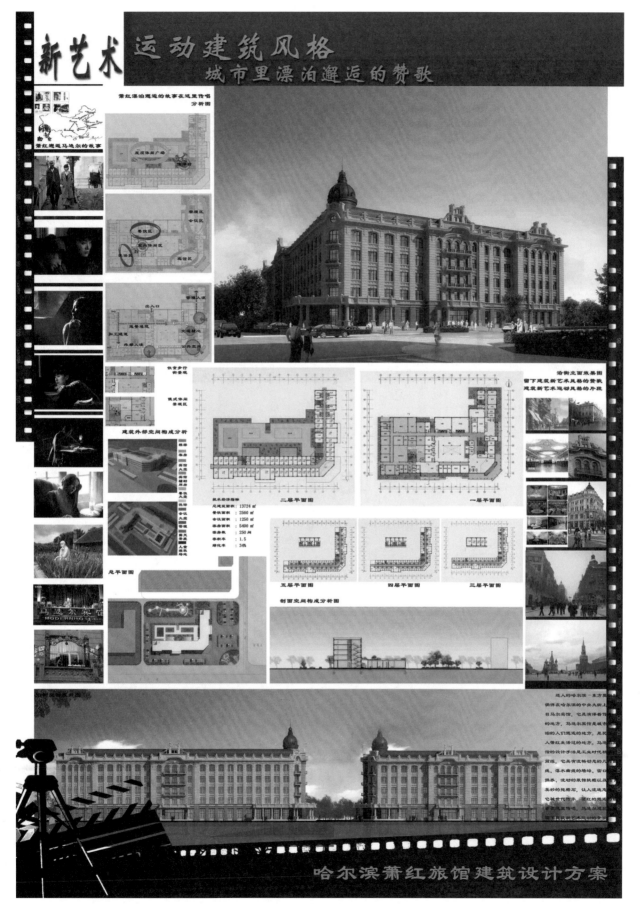

图 7-47

■ 设计说明

　　置身于中国文化中的我们，眼前总是不免掠过这样的身影：它奔放豪迈，它矫健空灵，它回放飞腾的身躯凝结了力量与美丽，它须角张扬的面容饱含着智慧与权力。它就是龙，独一无二的中国龙。希冀大唐电业能够宛如"中国龙"这种象征，带着吉运一直走下去，传承民族龙马精神，坚守企业"龙行文化"，迎接一次次的挑战，创造辉煌明天。

中国龙——大唐发电厂综合楼设计

■ 概念生成

■ 空间组合

■ 交通流线

　机动车流线
　人行流线
　消防车道

建筑高度　39.1m　　绿化面积　4705.51m²
基地面积　9945m²　　绿化率　47.3%
地下建筑面积　3772.31m²　容积率　0.77
地上建筑面积　7722.97m²　机动车停车位　93辆

■ 平面构成

会议　1F
办公　1F-9F
食堂　1F-2F
宿舍　1F-3F

■ 平面图

地下一层平面图　　二层平面图

一层平面图　　四至七层平面图

八至九层平面图

■ 剖面图

■ 立面图

西立面图　　南立面图　　东立面图

图 7-48

7.2 "休闲驿站——茶室"设计方案的任务评价

1）评审小组综合成绩评定，见附录 B。

2）综述建筑设计构思与表达的培养途径，进行教学信息反馈。

3）填写学生反馈表，见附录 C。

附录 A 学生自评表

学习领域		任务名称	
作业名称			
学生姓名		班级	
学号		实际得分	标准分值
计划与决策			
1. 在工作前是否制定了详细的作图计划			5
2. 是否考虑了作图中会出现的问题和解决问题的方案			5
实施			
构图			5
建筑构思，建筑功能，形体构成，建筑环境，建筑内部空间			45
色彩、线条表现，图面艺术效果			10
图面文字说明和标注			5
建筑构思与表达的完整性			10
整洁度			5
检查与评估			
是否能如实填报自评结果			5
是否能认真描述作图中出现的问题，总结出现的错误和要进行修改的内容			5
合计得分			100
学生签名			
教师签名			
对规定任务时间的把握			
			超时 准时 延时
做得不好的内容： 做得好的内容：			
问题所在：			
对自己的评价：			满意 较满意 一般 不满意
改进内容：			
教师评语：			

附录 B 教师评价表

学习领域		任务名称	
作业名称			
学生姓名		班级	
学号		实际得分	标准分值
咨询			
1. 是否进行了前期准备与咨询工作			5
2. 是否能努力获取知识			5
计划与决策			
1. 在工作前是否制定了详细的作图计划			5
2. 是否考虑了作图中会出现的问题和解决问题的方案			5
实施			
构图			5
建筑构思，建筑功能，形体构成，建筑环境，建筑内部空间			45
色彩、线条表现，图面艺术效果			5
图面文字说明和标注			5
建筑构思与表达的完整性			5
整洁度			5
检查与评估			
是否能如实填报自评结果			5
是否能认真描述作图中出现的问题，总结出现的错误和要进行修改的内容			5
合计得分			100
学生签名：			
教师签名：			

附录 C 学生反馈表

学习领域			任务名称	
作业名称			班级	
学生姓名			实际得分	标准分值
学号				
教学方法				
1. 学习进度安排是否能适应		不适应的理由		
2. 教学方法是否满意		不满意的原因		
3. 评价标准是否公正并认可		不认可的理由		
教学内容				
1. 对教学内容是否满意			哪些内容不满意	
2. 哪部分内容是你最感兴趣的				
3. 是否有需补充的内容				
教学成果				
1. 课后学到了哪些知识				
2. 课后最大的收获				
3. 课后的心得体会				
4. 课后是否有遗憾，遗憾是什么				
意见和建议				
学生签名：				
教师签名：				

参 考 文 献

［1］彭一刚 . 建筑绘画及表现图 [M]. 北京：中国建筑工业出版社，1985.

［2］章又新 . 章文新建筑画与技法 [M]. 哈尔滨：黑龙江科学技术出版社，1992.

［3］荆其敏 . 现代建筑表现图集锦 [M]. 北京：天津大学出版社，1985.

［4］彭一刚 . 建筑空间组合论 [M]. 北京：中国建筑工业出版社，1983.

［5］陈伟 . 马克笔的景观世界 [M]. 北京：东南大学出版社，2005.

［6］饶荣等 . 绿色建筑 [M]. 北京：中国计划出版社，2008.

［7］何镇强 . 现代建筑画选 [M]. 天津：天津科学技术出版社，1986.

［8］万轩，刘琪，孔晓燕 . 设计构成 [M]. 北京：中国电力出版社，2008.

［9］朱德本，朱琦 . 建筑初步新教程 [M]. 上海：同济大学出版社，2009.

［10］齐康 . 建筑思迹 [M]. 哈尔滨：黑龙江科学技术出版社，1999.

［11］黄为隽 . 建筑设计草图与手法 [M]. 哈尔滨：黑龙江科学技术出版社，1995.

［12］章又新 . 建筑画表现技法 [M]. 哈尔滨：黑龙江科学技术出版社，1995.

［13］李幼芬 . 生态建筑 [J]. 建筑学报，2008(2)：60-62.

［14］天津大学建筑系 . 天津大学、神户大学建筑系学生作品选辑 [M]. 天津：天津大学出版社，1985.

［15］天津大学建筑系 . 天津大学建筑系历届学生作品选 [M]. 天津：天津大学出版社，1986.

［16］冯钟平，栗德祥，纪怀禄 . 建筑系学生优秀作业选——清华大学专辑 [M]. 北京：中国建筑工业出版社，1997.

［17］华黎 . 折叠的范斯沃斯——水边会所的建筑表达设计案例 [J]. 建筑学报，2012（1）：21-24.

中国建材工业出版社
China Building Materials Press

我们提供

图书出版、图书广告宣传、企业/个人定向出版、设计业务、企业内刊等外包、
代选代购图书、团体用书、会议、培训，其他深度合作等优质高效服务。

编 辑 部
010-88386119

出版咨询
010-68343948

市场销售
010-68001605

设计业务
010-88386906

邮箱：jccbs-zbs@163.com   网址：www.jccbs.com

发展出版传媒   服务经济建设

传播科技进步   满足社会需求